中国妈妈的权威孕育指南　食全食美

宝宝断奶怎么吃

尹念/编著

中国人口出版社
China Population Publishing House
全国百佳出版单位

宝宝一天天长大，对各种营养素的需要越来越多，母乳和配方奶粉不管是量还是营养成分都会渐渐不能再满足宝宝的需求，这就需要让宝宝逐渐接受其他食物，然后断奶。

很多妈妈会把断奶想得很简单，觉得既然母乳已经不能完全满足宝宝生长的需要了，迟早是要吃辅食的，那么就顺其自然地断掉吧，让宝宝从吃奶改吃辅食去。

但是，断奶却不是一声令下，说断就马上断得掉的。为什么有的宝宝一直不肯吃辅食？因为没有做好充分准备。对宝宝断奶问题有所了解的妈妈就会知道，断奶并不是一个孤立的事件，而是一个系统工程，从宝宝出生头4个月就应开始着手准备了。

宝宝真正断奶大约在8个月以后，有的宝宝会在1岁左右，这就是断奶与辅食关系的关键所在，宝宝断奶后没有母乳吃，自然是要吃辅食的，但宝宝不会一下子就接受你喂给他的辅食，除非他适应了这种辅食，而适应辅食需要相当一段时间，断奶前的几个月时间正好可以填补这个空缺。所以提早作准备，在合适的时候锻炼宝宝适应辅食，是他顺利断奶的关键所在。

宝宝断奶实际上就是合理添加辅食的过程，对于大部分宝宝来说，断奶不顺利主要是由于辅食问题引起的，诸如辅食添加不及时、品种少而单调、量不足、烹调失当及断奶后未能及时换用其他乳品等造成的。

断奶是一个充满新奇、快乐、尝试的过程，不仅涉及喂养方式的逐步转变，还会涉及各种食物的选择、安排、制作，制作过程中还会遇到各种各样的问题。也许你还没有做好准备，那么，现在就开始了解宝宝断奶期间的饮食规律吧！弄清楚为什么要从果水菜水开始给宝宝添加，为什么要把食物打成泥糊状等一系列问题，相信只要将准备工作做到位，断奶一定可以顺利完成。

本书针对宝宝的不同月龄阶段进行了全面介绍，不仅给出了详细的一日饮食安排参考，还对此期间断奶方面的一些热点问题作了科学通俗的解答，列举大量科学又营养的食谱，让妈妈们能更快上手。

希望每个家长都可以制作出营养美味又适合宝宝需求的辅食，希望每个宝宝都能顺利断奶，变得健康又聪明。

目 录

Part 1 宝宝断奶营养常识

Contents

Part 2　2~4个月，断奶准备期

Part 3 4~6个月，断奶初期

Part 4 6~8个月，断奶中期

Part 5 8~10个月，断奶后期

Part 6　10~12个月，断奶完成期

断奶食物添加Q/A ·················· 130

Part 7 宝宝断奶期间常见病饮食调理

Part *1*

宝宝断奶营养常识

如何为宝宝选择健康的断奶食材

断奶食物逐月添加速查表

妈妈可以提前了解一下各种断奶食物的添加时间，做到心中有数。

4个月	母乳		夜间可停喂	每天喂奶5次
	奶粉	按说明书冲调	每次180毫升，夜间可停喂	每天约5次
	果汁	新鲜果汁混合白开水	每天1次	以30~40毫升为宜
5个月	母乳		同第4个月，其中一次可用牛奶代替	
	奶粉	按说明书冲调	同第4个月，可由180毫升渐增至210毫升	每天约5次
	果汁	同第4个月	同第4个月	同第4个月
	果泥(香蕉、木瓜、苹果、西瓜、桃、梨等)	除成熟香蕉外，最好炖熟后用汤匙压碎	从1汤匙开始慢慢增至3汤匙	在两次喂奶中间喂
	菜泥(豌豆、胡萝卜、土豆、菠菜等)	煮熟至柔软，压碎，单独喂食或与麦糊混合，1次只给1种蔬菜，以后可慢慢增加	从1汤匙开始，再依照宝宝胃口与成长情况，渐渐增至6~8汤匙	在两次喂奶中间喂
	麦片、米糊	煮熟后与温水或牛奶混合	从1汤匙慢慢增至3汤匙	在两次喂奶中间喂
	吐司	烤至棕黄色	给1小片咀嚼，强壮牙床	在两次喂奶中间喂
	肉泥/肝泥	煮熟，弄碎，单独喂食或与麦糊混合	从1汤匙慢慢增至2汤匙	在两次喂奶中间喂1~2汤匙
6~8个月	母乳		渐渐以牛奶代替	每天4次
	奶粉	按说明书冲调	每次240毫升	每天4次
	果汁	慢慢减少白开水的量，至纯果汁	60毫升	每天分2~3次喂

	水果	7个月可开始吃生水果	3汤匙	每天分2~3次喂
	菜泥	同第5个月	6~8汤匙	每天分2~3次喂
	谷类／粥／细面	可与碎肉、蔬菜共煮	可从1~2汤匙慢慢增至半碗	每天分2~3次喂
	吐司	同第5个月	同第5个月	同第5个月
	肉泥／肝泥	同第5个月	2汤匙	在两次喂奶中间喂
下列食物可以在此阶段酌情添加，每天1次，每次可喂1种新食物，习惯后再加另一种新食物，习惯约5种不同的食物后，可每天混合喂食				
	蒸蛋		从1汤匙开始慢慢增至1个鸡蛋	两次喂奶中间喂
	豆腐	煮熟，弄碎	从1汤匙开始，慢慢增至2汤匙	每天1~3次
	鱼(白鲳鱼、白带鱼、旗鱼等)	煮熟，弄碎，去净鱼刺		
	瘦肉	切碎，煮熟	从1汤匙开始慢慢增至3汤匙	每天2~3次
9~12个月	牛奶		每次800~1200毫升	每天2~3次
	奶粉	按说明书冲调	每次800~1200毫升	每天2~3次
	水果	同第6~8个月	同第6~8个月	同第6~8个月
	蔬菜			
	蛋			
	豆制品			
	粥／麦片／细面等	煮熟、弄碎	慢慢增加到1匙半	每天2~3次
	鱼			
	肉			
12个月以上	各种食物、牛奶、水果等		一般做法	三餐与大人同时吃，上午10时和下午3时可给牛奶或水果等为点心。尽量不要给糖果、巧克力等甜食

♫ 给宝宝选购合适的断奶期奶粉

从林林总总的食品中为宝宝选择健康的断奶食材，可以最大限度地保障宝宝的健康成长。首先最重要的是婴儿奶粉的选择。

目前我国婴幼儿奶粉市场奶粉品种非常多，从食用对象看，有宝宝奶粉、较大宝宝奶粉、幼儿成长奶粉；从产地上分，有国产奶粉、进口奶粉、中外合资生产的奶粉；从包装形式看，有罐装奶粉和袋装奶粉。不少

年轻父母挑选奶粉专拣贵的买，认为价格贵就说明质量好，其实从选择奶粉来说并不完全是这样，只有适合宝宝的才是最好的。

1 要注意配方是否最接近母乳，是否含有母乳中特有的营养成分，一般含有以下成分的奶粉营养较好：

成分名称	作用
双歧因子	帮助消化
核苷酸	提高机体抵抗力，改善肠道的微生态环境
L-左旋肉碱	肉碱是促进脂肪代谢的关键物质，还能帮助宝宝制造酮类，提供能量以帮助脑神经系统发育
DHA和ARA	可提高宝宝智力和视敏度
牛磺酸	可以改善脑功能，抗氧化，若缺乏牛磺酸将导致发育受阻和小脑功能紊乱
肌醇	保护心脏和肝脏，若缺乏肌醇会使生长缓慢
亚油酸	人体必需脂肪酸，可在体内合成DHA

2 要看奶源是否安全卫生。一般，北纬43°~53°的地段（如我国内蒙古和黑龙江）奶源较多，且那里少污染，草原茂盛，奶牛产的奶质最佳。

3 生产厂家必须正规化，有生产许可证，必须通过国家的各项检测，如ISO认证等。

4 制造日期和保质期要有明确标志，避免购进过期变质产品。

选择新鲜、天然的食材

我国新鲜食品的分类分级有两类，一类为"绿色食品AA级"，即有机食品，是最好的健康食品，它不含有化肥、农药、防腐剂、色素及转基因材料等；其次是"绿色食品A级"。一切食品均应为"无公害食品"，这是食品的基本属性。

新鲜的断奶食材应包括：

食材种类	备注
新鲜蔬果	蔬果是最需要注意新鲜的，一般要求选择当季蔬果，最大限度地保证新鲜，比如春天有草莓、菠菜、卷心菜；夏天有西瓜、梨、番茄、小白菜；秋天有葡萄、黄瓜；冬天有橘子、花菜、大白菜
新鲜禽鱼肉蛋、动物内脏	这一类的食材同蔬果一样也应尽量新鲜，鲜活的鱼、有光泽颜色均匀弹性好的肉类等
主食	新鲜的大米、面粉、食用油与陈旧的大多有区别，新鲜大米多为乳白色或淡黄色，陈米色泽较深、发暗；新鲜面粉色泽乳白或淡黄，没有霉味、异味，有麦香；食用油要选择正规厂家生产的，注意生产日期
奶制品	牛奶、酸奶、奶酪等购买时也要注意生产日期
豆制品	豆浆、豆腐、豆腐干等最好即买即用，不要存放

┌─ 温馨提示 ─

以上食材包含了宝宝每天平衡膳食的基本营养，它们是餐桌上的主要食物，也是选购的最佳对象。

选购时需要注意的食材安全问题：

1.避免挑选个头过大、颜色过于鲜艳、有药味的食材。

2.反季节食材要谨慎购买。

♪ 避免给宝宝添加加工食品或方便食品

以下食品基本上属于垃圾食品类：

食品类别	举例
腌制食品	香肠、咸肉、火腿、咸菜
用反式脂肪酸(氢化植物油)加工的食品	市售方便面、饼干、蛋糕
油炸食品和烧烤食品	油条、薯条
碳酸饮料、蜜饯、膨化食品或小包装的休闲食品	市售的各种零食

┌─ 温馨提示 ─

对于这类食品应尽可能避免，至少应限制食用次数或摄入量，这样也可避免宝宝长大后多吃乱吃。

♪ 多花心思挑选成品断奶食物

市面上看到的像营养米粉、磨牙饼干、罐装果泥、肉泥等食物，给因忙碌而无法自制宝宝断奶食物的现代妈妈带来了不少方便，但更要多花心思选择。

1 选择较具知名度、有品质保证的牌子。

2 注意产品的营养成分，比较一下营养素的多少，是否含有帮助铁、钙等微量元素吸收的维生素C和维生素D等，是否含有帮助大脑和神经系统发育的碘元素。

3 学会看配料表，应尽量选择不含香精香料、蔗糖、麦芽糊精的食物，有多种人工合成的添加剂或者咖啡因的是一定不适合宝宝食用的。

4 注意产品的制造日期、保存期限、使用方法。

5 注意产品包装是否完整、真空包装的瓶装食品是否有凸出。

❧ 不要自行购买保健食品

    保健食品是由国家有关部门审核批准的特殊食品，具有一定的保健功能，但原则上不建议自行为宝宝购买，若经医生明确诊断宝宝为营养不良的，可根据医生的建议采用某些合适的保健品，但不宜长期使用。

┌─ 温馨提示 ─────────────────┐

    服用保健品补充营养是本末倒置的办法，一般说来，缺乏蛋白质可以用鱼、肉等食物补充，而非蛋白粉；钙不足时可用牛奶、豆制品，而非补钙剂；缺铁则可考虑动物肝、血等，而非铁制剂。

└────────────────────────┘

❧ 常见断奶食物添加时间表

阶段	准备期	初期	中期	后期	完成期
月龄	1~4个月	5~6个月	7~8个月	9~11个月	12个月后
果泥，果汁	√	√	√	√	√
菜泥，菜汁	√	√	√	√	√
蛋黄	×	√	√	√	√
鸡蛋(包括蛋白)	×	×	△	√	√
河鱼，河虾	×	×	√	√	√
海鱼，海虾	×	×	×	√	√
禽肉(鸡、鸭肉等)	×	×	√	√	√
畜肉(猪、牛肉等)	×	×	√	√	√
其他海鲜(贝类，鱿鱼等)	×	×	×	√	√

注：上表中"√"表示可以选用，"△"表示可根据宝宝的实际情况选用，"×"表示不能选用。

学会烹调宝宝断奶食物

做断奶辅食常用的烹调工具

厨房现成的工具

厨房拥有大部分制作断奶食物所需要的工具，只要注意卫生即可。

1 菜板

菜板是需要多次使用的工具，最好给宝宝使用专用菜板制作断奶食物，这能最大限度地减少交叉污染。

温馨提示

菜板要常洗、常消毒，最简单的消毒方法是用开水烫，也可以选择日光晒。

2 刀具（菜刀、水果刀、厨房剪等）

给宝宝做断奶食物用的刀具最好与成人做饭用的刀具分开，并且生、熟食所用刀具应分开，以保证清洁。

温馨提示

每次做断奶食物前后都要将刀洗净、擦干，减少因刀具不洁而污染食物的情况出现。

3 刨丝器

刨丝器是做丝、泥类食物必备的用具，可以将水果、蔬菜等刨成很细的丝，一般的不锈钢刨丝器即可。

温馨提示

每次使用后都要洗净晾干，食物细碎的残渣很容易藏在细缝里，要特别留心。此外，质地较软的食物也可用刨丝器替代搅拌机将其弄细后给宝宝吃。

4 蒸锅

用于蒸熟或蒸软食物，可使食物口味鲜嫩、熟烂、易消化，且含油脂少，能在很大程度上保存营养，是制作断奶食物常用的烹饪方法。一般的蒸锅就可以，若想节时节能，也可选择小号蒸锅。

温馨提示

消毒用的蒸锅应该大一些，便于放下所有工具，一次完成消毒过程。要特别注意的是，大部分塑料制品都不能进行高温消毒，可以放在消毒柜里用紫外线消毒，消毒完后不要立刻拿出来，等待20分钟再拿出来使用。

5 汤锅

烫熟食物或煮汤用，可用普通汤锅，若想省时省能，就选择小号的。

专用工具

以下这些工具都是制作断奶食物时比较常见的工具，可根据需要购买，在实际情况下，以材质稳定，容易清洁为前提。

1 磨泥器

将食物磨成泥，是断奶初期的必备工具。

温馨提示

在使用前需将磨碎棒和器皿用开水浸泡消毒，以保证清洁。

2 榨汁机

榨汁机是断奶期必不可少的，在给宝宝制作果汁、果泥时经常会用到，必要时还能帮助制作馅料，比如碎肉、碎菜等，有些榨汁机还带有刀片，可以帮助将蔬果切丝、切片，但榨汁机不好清洁，因此在清洁方面要多加用心。

温馨提示

榨汁机如果清洗不干净特别容易滋生细菌，最好选购有特细过滤网，可分离部件清洗的。

3 过滤器

过滤蔬菜或水果汁，一般的过滤网或纱布(细棉布或医用纱布)即可。

温馨提示

每次使用之前都要用开水浸泡一下，用完洗净晾干。

4 搅棒

是泥糊状食物的常用制作工具，一般棍状物体甚至汤匙等都可以。

温馨提示

可以用搅拌机代替搅棒，会更省事，但要注意清洁。目前市面上还有兼具榨汁与搅拌功能的小家电，可根据需要选购。

5 计量器

用来计算所需食物的量，只需是固定的容器(如小量杯、小碗等)就可以了。

温馨提示

挑选容器时要选易清洗、易消毒、形状简单、颜色较浅、容易发现污垢的。一般来说，塑料制品要选无毒、开水烫后不变形的；玻璃制品要选钢化玻璃等不易碎的。不能用铁、铝制品，因为其中的铁、铝元素在被宝宝食入后会增加宝宝肾脏负担，可用不锈钢制品替代。

6 宝宝断奶食物套装工具

如宝宝研磨器、宝宝食物立方容器、食物研磨器、简易牛奶储存器、简易电动搅棒和蔬果切割器等，它们的优点是可以做到宝宝专用，而且其设计在材质、清洗方面都做得较好，因而价格方面就有点贵，大多在几十元到上百元之间。

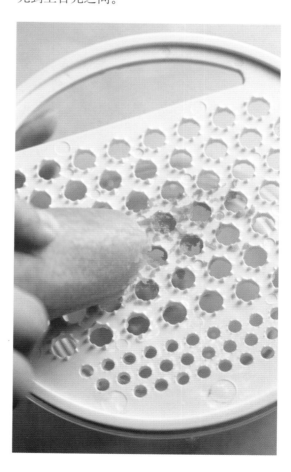

✿ 烹调断奶食物的技巧

1 制作时尽量将食物处理成汤汁、泥糊状或细碎状，因为宝宝的牙齿及吞咽能力尚未发育完全，这样可使食物容易消化。

2 初期食物浓度不宜太浓，蔬菜汁、新鲜果汁最好加水稀释。

3 尽量采用天然食物，且最好不要加调味料，如香料、味精、糖、食盐等。

4 在食材的烹煮方面，尽量保持清淡，不要太油腻。

5 烹调好的食物不宜在室温内放置过久，每次不要做太多，以免食物腐坏。

6 要注意温度，不宜放置在微波炉中高温加热，以免破坏食物中的营养素。但要注意的是，蛋、鱼、肉、肝等一定要煮熟，以避免发生细菌感染及引起宝宝过敏反应。

✿ 制作断奶食物的基本处理方法

1 碾碎过滤
制作果汁、菜汁时要用到的方法，熟练运用十分必要。

2 研磨
煮过的蔬菜如番茄，通过研磨器的研磨后，口感极好，可以直接给宝宝吃，也可以和米粥混着吃。这种方法适合宝宝还不擅长咀嚼的时候。

3 捣碎
对于比较硬的食材，如胡萝卜、黄瓜、红薯，可以用这种方法处理。此外，冷冻的肉类也可以先进行捣碎处理，然后再加热，可使肉类熟得更加彻底。

4 挤压揉碎
在处理苹果、香蕉等食材时需要用到这种方法。另外，像菠菜这样的食材，通过挤压、揉碎，捏去水分后可去除涩味。

5 切断
这是最常用的处理方法。制作断奶食物时，要根据宝宝的发育情况，将食材进行不同程度的切割，从切成块状，到切成薄片，再到切碎，不同发育时期的宝宝适合不同程度的切割。

6 调制糊状食物
这种方法非常适用于南瓜、土豆等食材，先用水煮过，再调制成糊状。一般还可以加奶、汤汁等调味，让味道更受宝宝欢迎。

┌─ 温馨提示 ─
│ 　　以上6种食材处理方法若合理运用，能让食物发挥出最大的美味，要注意，宝宝断奶初期所有的食物最好都能够研磨过，好让宝宝容易下咽。
└─

制作水果类断奶食物

水果中富含纤维素、维生素，糖分少、水分多，制作得当的话，不仅口感好、营养成分高，而且还能促进宝宝的新陈代谢，帮助消化。

水果的选择与储存技巧

给宝宝吃的水果宜选择供应期比较长的当地时令水果，另外还宜选择如橘子、橙子等皮壳较容易处理、农药污染及病原感染机会少的。还要切记，水果不可长期存放，长期存放的水果维生素含量会明显降低，而腐烂变质的水果更是有害身体健康的。

温馨提示

柠果、菠萝、柑橘类水果是比较常见的容易引起过敏的水果，不妨从添加苹果、香蕉、梨、西瓜之类的水果开始，逐步增加新品种。

另外，把水果用开水煮3~5分钟再给宝宝吃，也可避免引起过敏。

果汁、果泥怎么做

一般的水果如苹果、梨、柑橘等应先洗净，用清水浸泡15分钟，尽可能去除农药，再用沸水烫30秒，去皮、去核后做成果汁或果泥。另外，切开食用的水果如西瓜，也应将外皮用清水洗净后，再用清洁的水果刀切开，要注意千万别用切生菜、生肉的菜刀，以免果肉被细菌污染。

温馨提示

添加果汁或果泥时一周最多添加一个新品种，这样能很方便地判断出宝宝是否对某种水果不适应。

制作蔬菜类断奶食物

蔬菜含有宝宝生长发育必需的各种维生素以及矿物质，还能防止宝宝便秘，是断奶期必不可少的食材。

蔬菜的选购

最好选择没有使用过化学物质的新鲜蔬菜，即使不能完全达到这种要求，也应尽可能挑选新鲜、病虫害少的蔬菜，那些闻起来有浓烈农药味或不新鲜的蔬菜千万不要购买。

此外，洋葱、大蒜、香菜等刺激性强的蔬菜千万不要选，哪怕只充当配料也不行，它们对宝宝胃肠道的刺激非常大。

在具体选择时，可多选用胡萝卜、苦瓜、番茄、柿子椒等维生素C和无机盐含量比较高的蔬菜以及绿色叶类蔬菜。在无机盐和维生素含量上，大白菜、卷心菜、茭白、笋、土豆、藕、南瓜、丝瓜、黄瓜等蔬菜略低于叶类蔬菜。

---温馨提示---

宝宝满7个月后，还可多选用毛豆、扁豆、蚕豆、刀豆等鲜豆类蔬菜制作断奶食物，它们的蛋白质含量比较高，且其中的铁质有利于防止宝宝贫血。需要注意的是，若发现宝宝有蛋白质过敏现象，则要停止食用。

蔬菜的清洗

蔬菜买回来后应先用清水冲洗，最大限度地避免被有害物质污染，清洗步骤为：

1 先用清水冲洗蔬菜表层的脏物。

2 将清洗过的蔬菜用清水浸泡半小时到1小时。

3 最后再用流动水彻底清洗干净。

┌─ 温馨提示 ─────────────────────────────
│ 根茎类和瓜果类的蔬菜，如胡萝卜、土豆、冬瓜等，不仅去皮前需要清洗，去皮后也应再用清水
│ 冲洗一次。还可先将蔬菜用开水烫一烫再制作。
└──────────────────────────────────────

制作蔬菜类断奶食物

1 从制作蔬菜汁开始循序渐进，一开始时，可制作菜水，再逐渐改为制作菜水的同时制作菜泥，一种蔬菜制作多次后可渐渐增加蔬菜的选择面，待宝宝长出牙齿后，可将蔬菜切碎后放入粥或软米饭、面条中。

2 做蔬菜汁可多选用油菜、雪里红、芥蓝菜等钙含量比较高且易吸收的蔬菜，而有些蔬菜如菠菜等含有草酸，会影响钙的吸收，不宜做成汤。

3 尽量选用新鲜的蔬菜，根茎类蔬菜洗切时间与下锅烹调时间间隔不要过长。烫蔬菜时，应等水沸后再放入蔬菜。

4 烹调蔬菜时可加少量淀粉，可防止抗坏血酸被破坏。在宝宝7~8个月时，还可以多制作用碎菜和肉末混合做成的粥、烂面等，

也可起到保护抗坏血酸的作用。

5 若炒蔬菜，则应尽量急火快炒，更不要把菜煮过或挤去菜汁后再入锅炒，那样营养成分已大部分丢失，只剩下纤维素了。

6 应按照先叶后茎的原则来制作蔬菜，先制作一些叶多纤维相对较少的，再逐步过渡到茎多的蔬菜，让宝宝的消化系统能适应。

制作肉类断奶食物

肉类食品是铁、锌和维生素A的主要来源，宝宝6个月后可逐渐添加肉类食物，每天至少20~30克。

更适合宝宝的肉类

妈妈们都很想知道，什么肉类更适合断奶期的宝宝，是鱼肉、猪肉还是鸡肉呢？

其实，各种瘦肉类中的蛋白质含量差别不是很大，一般来讲，鱼肉或鸡肉的肉质更细嫩一些，利于小乳牙还未完全长齐时宝宝咀嚼，在胃肠里的消化和吸收也较好，但也不可一味偏食鱼肉、鸡肉，还应同时适当添加一些别的肉类，以免养成偏食习惯。

肉类的选择

肉类应挑选各类肉的细嫩部分，最好是里脊肉或臀部肉，避免选择纤维过粗过长的部分。新鲜肉类是首选，闻起来有腥味的应尽量避免食用。还要注意肉类是否经过国家食品安全检查，只有检查合格的肉制品及鲜活鱼虾才可放心地给宝宝食用。

♪ 制作肉类食物

不管哪种肉类，都最好加工成易于消化的肉泥再给宝宝食用，尤其是纤维比较粗的牛肉，如果搭配各种蔬菜加工成肉泥，营养价值则更高，味道也更鲜美。还可以先将肉整块炖烂，然后切碎连肉汤一起拌在主食里喂给宝宝。具体制作时还需要注意：

1 不要过于油腻，可以留少许肥腻部分，但一定不能多，以免宝宝胃口不适。

2 做法要尽量简单，鱼虾类应先剔除鱼刺和虾壳，以清蒸为好。

3 口味应清淡，少放调味品，特别是盐不可过量，因为宝宝肾脏功能尚不健全。

4 从制作单个品种开始，慢慢少量地添加其他品种。

┌─温馨提示─
│　　添加肉类食物时，要留心观察宝宝表现是否正常，若正常可继续添加其他种类。一般情况下健康的宝宝都喜欢吃鱼虾，但要注意，即使食欲再好也不可过量喂食。
└

制作蛋类断奶食物

蛋类在动物性食物中是相对很容易消化吸收的食物，其消化吸收率达97%，净利用率达94%，其中尤以鸡蛋的食用最为普遍。

各种蛋的营养成分

市面上的各种蛋类都属于高蛋白食物，除了鸡蛋外，还有鸭蛋、鹅蛋、鸽蛋、鹌鹑蛋等，虽然种类不同，但这些蛋类的营养成分大致差不多，只有些细微的不同：

鸭蛋：鸭蛋经常被制成咸蛋或皮蛋，鸭蛋的蛋白质含量与鸡蛋差不多，不过维生素B_1含量略高一些，钙含量也比鸡蛋高，但鸭蛋这时不适合给宝宝食用。

鹅蛋：蛋白质含量略低于鸡蛋，而钙、铁、磷含量较鸡蛋高，脂肪、胆固醇含量也较高。

鸽蛋：鸽蛋曾被称做"清宫御食"，价格比鸡蛋贵很多。它的补钙、补血效果优于鸡蛋。鸽蛋中脂肪和蛋白质含量虽然低于鸡蛋，但钙、铁含量却高于鸡蛋。

鹌鹑蛋：鹌鹑蛋对宝宝很适合。小个儿的鹌鹑蛋营养全面，蛋白质和脂肪含量等同于鸡蛋，而卵磷脂含量却是鸡蛋的3~4倍，对保护肝脏及增强记忆力很有好处。

> **温馨提示**
>
> 市面上常见的这些蛋类在营养上的差别并不很大，怎么选择主要取决于口味、习惯和方便程度，更重要的是适合宝宝食用。在日常生活中，我们买鸡蛋最为常见，因此以下我们主要以鸡蛋为例来给出制作蛋类食物的要领。

6个月以内宝宝只适合吃熟透的蛋黄

蛋类加热后，蛋清凝成块状，而6个月以内的宝宝不会咀嚼，因而无法将蛋清嚼碎下咽，且宝宝的消化系统发育还不完善，肠壁的通透性较高，蛋白分子能通过肠壁直接进入血液中，使宝宝产生过敏反应，导致湿疹、荨麻疹等疾病，因此6个月以内的宝宝不适宜喂蛋清。

所以，6个月以内的宝宝只适合吃煮得很透的蛋黄，因为蛋黄容易被弄成糊状。等长到6个月后，消化能力渐渐增强，再慢慢食用部分煮蛋或是蒸蛋，1岁以后才可以逐渐吃整蛋或蛋花汤。

怎么挑选鸡蛋

选购鸡蛋一定要看其是否新鲜，方法是：

1. 从外表上看，色泽要鲜亮洁净，蛋壳清洁完整。外皮发乌，壳上有油渍，则为不新鲜的鸡蛋。

2. 用手掂量，感到有分量、砸手的是好蛋，发飘或有水晃动声的，为陈蛋或散黄蛋。

3. 还可以用手指夹稳鸡蛋在耳边轻轻摇晃，新鲜的好蛋发出的音实在，而空头蛋有空洞声，裂纹蛋有"啪啪"声，这些鸡蛋不能购买和食用。

┌─ 温馨提示 ─
新鲜鸡蛋买回家后不可存放过久，以免质量起变化。此外，要留心霉蛋，在灯光下透照，发现蛋内有黑色斑点或斑块的为霉蛋，主要因包装材料潮湿、不清洁或遭雨淋而致，尤其高温环境下更容易产生霉蛋，这种蛋有毒素，千万不可给宝宝吃。

各种蛋类的外形都比较相似，挑选方法可类似鸡蛋，但鹌鹑蛋外形与鸡蛋、鸭蛋等有区别，应尽量挑有花斑、色泽鲜艳均匀，形状也较均匀的，大小要适中，尤其那些个儿特别大的一定不要选，正常的鹌鹑蛋一般只有10克左右。

美味的蛋黄制作方法

添加蛋黄的一般方法：

1. 鸡蛋煮熟，取蛋黄1/4~1/2个，碾碎后加入煮沸的牛奶中，反复搅拌，牛奶稍凉后再喂给宝宝。

2. 生鸡蛋打开后先取1/4~1/2个蛋黄，加入少许牛奶混合均匀，用小火蒸至凝固，稍凉后碾碎，再喂给宝宝。

3. 将蛋黄碾碎后放在米汤、粥、奶糕中调匀再喂给宝宝，也是很好的断奶食物。

┌─ 温馨提示 ─
给宝宝制作蛋黄要循序渐进，刚开始一次不要做太多，可先试喂1/4个蛋黄，并注意观察宝宝食用后的反应。连喂3~4天后，如果宝宝消化很好，大便正常，无过敏现象，可慢慢加喂，但一天的量也不可太多，否则也不利于消化。

制作粥饭类断奶食物

粥饭是以大米、小米等富含淀粉的谷类粮食加适量的水熬煮而成的。从4个半月起，宝宝即可吃一些煮得很烂的不含米粒的粥，如果宝宝消化情况良好，可酌情加稠，在11个月时可以吃些软米饭。

⚘ 粥饭类断奶食物的制作步骤

1 煮粥时水开后再下米，一般30克米加水3~4碗，大火煮沸20~30分钟后再改用小火慢慢熬，可以使粥更绵软。

2 粥煮好后，一关火就可将粥面上层不含米粒的米油（最上面一层稠稠的液体）撇出来，米油有丰富的营养，可以待稍冷后喂给宝宝吃。

3 煮粥最好不要用高压锅，因为在煮沸过程中，米粥极容易把高压锅的出气口堵住，造成高压锅因压力过大而爆炸。

4 为达到膳食营养的平衡，制粥的原料应该有一定的比例，如大米、荤菜、蔬菜之比为3：2：1，即米与菜各半，菜中荤菜比蔬菜多1倍，如：大米30克、瘦肉20克、青菜10克。菜类应分别煮软弄碎后加入。

5 不要在给宝宝的断奶粥食中加碱，以免破坏米中的B族维生素。

6 宝宝米饭的做法与成人的大致相同，但是米饭要更软烂些，还可以拌上一点骨头汤等汤类。

学会冲调宝宝米粉

　　宝宝米粉是断奶时期的补充食品，其作用如同大人吃饭一样，是补充能量和营养的辅助粥饭类食物。在选购和制作时需要注意：

1 尽量选择信得过的品牌企业的产品。

2 6个月后最好配合添加一些其他的辅食，如碎菜、碎肉等。

3 70℃~80℃的冲调水温最合适，水温太高容易流失营养；水温太低，米粉不溶解，易消化不良。

4 米粉和水的比例没有确切的数据，刚开始时可以冲调得稀一点，慢慢冲调得稠一些，倒入奶或水后要先放置30秒让米粉充分吸水，然后再搅拌均匀成糊状。

5 冲调好后的理想米糊应该是用汤匙舀起倾倒能成炼奶状流下，如成滴水状流下则太稀，难以流下则太稠。

制作面点类断奶食物

由面粉所做成的面食（如面条、馒头、包子、蛋糕等）是极具变化的一类食物，其中所含的营养成分主要为碳水化合物，可以为宝宝提供每天活动与生长所需的热量。

另外面粉中还有些许蛋白质，能为宝宝建造身体组织提供来源。

面点类食物制作步骤

1 制作面点类食物与其他食材一样，也应先从少量开始。

2 宝宝月龄越小，咀嚼及吞咽能力越不完善，所以切记要将面点烹调至熟透为止。

3 面条类的食物，因为长度较长，不易咬断或吞食，在烹调前应先折短，再煮烂，使宝宝更容易食用。

4 面条越细，含盐量越高，这种面条在煮时要略微久一些，煮面的水不要再作为面汤。

5 注意尽量减少调味料的使用。

6 面条可和肉汤或鸡汤一起煮，以增加面条的鲜味，引起宝宝的食欲。

不同月龄段宝宝面食的一日制作量参考

月龄	制作量
6~7个月	1/2碗烂面，加3汤匙菜、肉汤
8~10个月	中、晚各2/3碗面，菜、肉、鱼泥各2汤匙
11~12个月	中、晚各1/2碗面，肉、鱼、菜泥各3~4汤匙

温馨提示

添加面食要根据宝宝的消化和适应能力而定，若宝宝消化情况良好，则可在半岁后添加煮透煮烂或弄细弄碎的面点，一般给宝宝添加面条在断奶后期，即9个月后。

Part ②

2~4个月，断奶准备期

2~4个月宝宝一日饮食安排

🍃 新生宝宝一日饮食安排

　　如果母乳不足则应当选择混合喂养，从宝宝出生的第3周开始，大人可以根据情况添加鱼肝油，以补充维生素A和维生素D。

主要食物	母乳或配方奶	
辅助食物	温开水、鱼肝油(维生素A、维生素D比例为3:1)	
餐次	每3小时喂1次，每次喂10~15分钟，或按宝宝需求喂哺	
哺喂时间	上午	6时、9时、12时
	下午	15时、18时、21时
	夜间	0时、3时
备注	纯母乳喂养的宝宝一般不需要喂水。喝配方奶的宝宝则需要在白天的两餐之间喂一次水，喂水量在25~30毫升之间 鱼肝油可在宝宝出生后的第三周开始加。每天1~3次，喂奶前半个小时加1滴，一天不超过5滴	

　　注：本书饮食安排中所涉及的喂奶次数和辅食餐数并不是强制性的，只要在正常范围内，按照宝宝的实际需要调整即可。

1~2个月宝宝一日饮食安排

满月起，宝宝会进入一个快速生长的时期，对各种营养的需求迅速增加，这个阶段总热量的25%~30%会用于生长发育，其他的才被用来进行各项生理活动，因此营养要及时跟上。目前阶段提倡继续母乳喂养，母乳充足时可不必添加配方奶。

婴儿期不能以纯牛奶或鲜牛奶代替其他乳品，纯牛奶成分单一，不能提供较全面的营养，只能作为其他乳品的补充。

主要食物	母乳或配方奶		
辅助食物	温开水、鱼肝油、菜水、橙汁、牛奶		
餐次	母乳喂养，母乳充足时，每3小时喂1次，一天喂7次左右，每次喂10~15分钟（70~150毫升）		
哺喂时间	上午	6时、9时、12时	
	下午	15时、18时、21时	
	夜间	0时	
备注	纯母乳喂养时，如果宝宝睡觉不安静，有饥饿啼哭，在1月后5天内体重增加没有达到150~200克，表示母乳不足，可在14~18时加喂一次牛奶，注意断奶期间所喂的牛奶一定要煮一煮以消毒。（70°C时煮3分钟左右，60°C时煮6分钟左右）两次喂奶中间喂温开水45毫升或菜水、鲜橙子汁35毫升，水、菜水、橙汁可交替喂服。鱼肝油每天3次，每次1~2滴，喂奶前半个小时加1滴，一天不超过5滴		

♪ 2~3个月宝宝一日饮食安排

进入第3个月之后，宝宝可以将一些能量储存起来，因此两次喂奶之间可以间隔得稍微长一点，这个阶段提倡继续母乳喂养，当母乳不足时可以使用配方奶或牛奶。由于代谢活动增强，宝宝还需要摄入更多的水分。

由于帮助消化的淀粉酶分泌还不足，宝宝还不能喂米糊这样含淀粉太多的食品，宝宝吃咸食会增加肾脏负担，因此任何食物中都不要加盐，实际上母乳和牛奶中的电解质就是盐分，也不需要额外补充。

此外，给宝宝喂菜水、果汁的时候，器具和食品一定要注意消毒，保证新鲜卫生。

主要食物	母乳或配方奶	
辅助食物	淡盐水、温开水、鲜番茄汁、鲜橙汁	
餐次	喂奶时间可稍延长，每3个半小时喂一次，每日6次，每次喂10~15分钟(75~100毫升)	
哺喂时间	上午	6时、9时半
	下午	13时、16时半、20时
	夜间	23时半
备注	白天在两次喂奶中间加喂鲜番茄汁、鲜橙汁，并与淡盐水、温开水交替喂服。 纯母乳喂养时，若母乳不足，应补加牛奶，将下午8时的母乳改为150毫升的牛奶。如果宝宝体重每天增加不到20克，还应将早上6时也改为牛奶。 鱼肝油每天3次，每次1~2滴。	

♬ 3~4个月宝宝一日饮食安排

　　应该继续坚持母乳喂养，若母乳不足，方可考虑配方奶或其他代乳品。同时要开始考虑添加一些简单的食物了，因为3~4个月的宝宝体内铁、钙、叶酸和维生素等营养元素相对缺乏，需要通过一定量的乳品外的食物来补充，可以增加菜水、果汁的量和次数。

　　现阶段，宝宝的总奶量保持在1000毫升以内即可，如果超过了1000毫升，宝宝容易出现肥胖，还可能导致厌奶。

主要食物	母乳或配方奶	
辅助食物	温开水、菜水、鲜番茄汁、鲜橙汁、熟胡萝卜汁	
餐次	每隔3个半小时喂奶一次，每日6次，每次喂10分钟左右（90~180毫升）	
哺喂时间	上午	6时、9时半
	下午	13时、16时半、20时
	夜间	23时半
备注	白天在两次喂奶中间交替喂温开水、菜水、鲜番茄汁、鲜橙汁、熟胡萝卜汁，每次90毫升。 纯母乳喂养时，母乳不足应给予牛奶，喂饱即可。 鱼肝油每天3次，每次1~2滴，喂奶前半个小时加1滴，一天不超过5滴。	

断奶准备阶段宝宝怎么喂

♫ 给宝宝补充鱼肝油

出生后的6个月是宝宝生长最快的阶段，宝宝在这个时期对各种营养素的需求也比较大。一般来说，母乳和配方奶能够为宝宝提供足够的营养，但是母乳、牛奶和一些配方奶粉(维生素A、维生素D强化的除外)中维生素A、维生素D的含量比较少，不能满足宝宝生长发育的需要。

因此，无论是母乳喂养还是人工喂养，从出生后第3周起，最好给宝宝添加一定量的鱼肝油。

添加鱼肝油的第一个原因是可以为宝宝补充维生素A和维生素D。目前市场上为宝宝特制的维生素A、维生素D制剂类型很多，浓度不一，但使用最普遍的还是维生素A、维生素D含量比例为3:1的宝宝鱼肝油(既能使宝宝补充足够的维生素D，又不会出现维生素A过量的问题，搭配比较合理)。使用的时候可以根据医生的指导或按照说明给宝宝添加。在太阳光照射下，宝宝的皮肤可以合成维生素D，夏天可以带宝宝到室外晒晒太阳，促进宝宝自己在体内合成维生素D，同时鱼肝油的补充量可以酌减。

添加鱼肝油的另一个原因是促进钙的吸收。钙是制造骨骼的主要元素之一，还有参与神经系统和肌肉与神经之间的控制调节、维护宝宝正常生长发育的作用。鱼肝油里所含的维生素D可以促使宝宝在体内生成一种能和钙结合的蛋白质，和宝宝体内的钙离子结合后将钙转运到血液中，提高钙的利用率。

♫ 部分宝宝需要添加水、果汁、菜汁

纯母乳喂养的宝宝在4个月内不用喂水，也不需要喂菜汁、果汁及其他辅食，只要添加母乳所缺乏的维生素D（每天3滴鱼肝油）就可以了。

喝配方奶的宝宝要多喝点水，因为绝大多数奶粉宝宝喝了会上火，喝点水可以缓解这种情况。除了喝水，还可以给宝宝喝一点新鲜的果汁和蔬菜汁，以补充维生素。水和菜汁、果汁可以在白天的两餐之间喂一次，量在25~30毫升之间。

有些不喜欢吃水果和蔬菜的妈妈也需要给宝宝喝果汁和菜汁；因为如果妈妈偏食的话，乳汁中维生素C的含量就会降低，很可能满足不了宝宝的需要。果汁、菜汁一般在宝宝出生后1~2个月开始添加，开始时可以先用温开水稀释，等宝宝适应了以后再用凉开水稀释，慢慢过渡到不用稀释。

到4个月左右，宝宝的吃奶次数开始变得很有规律，一般是每隔4个小时吃一次奶。白天的喂奶次数在5次左右，半夜只要喂一次奶就可以了。这时候可以尝试着给宝宝喂一点蔬菜泥、水果泥，让宝宝接触一下断奶食物，感受一下其他食物的味道。但是量一定要少，而且要顺其自然，宝宝不喜欢就不要勉强。

⅏ 本阶段可添加的断奶食物

婴幼儿鱼肝油：出生后第3周起，你就可以开始给宝宝添加鱼肝油。每次1~2滴，每天3次，直接滴入宝宝口中。

果汁：各种新鲜水果，如橙子、苹果、桃、梨、葡萄等榨成的汁，可以补充维生素。喂给宝宝喝的时候要先用一倍的温开水进行稀释，尤其是喂2个月内的宝宝时，更要注意这一点。每天喂1~2次，每次1~2汤匙。

菜汁：用各种新鲜蔬菜做成的汁，如萝卜、胡萝卜、黄瓜、番茄、圆白菜、西蓝花、芹菜、

大白菜及各种绿叶蔬菜等，可以为宝宝补充维生素。

1~4个月宝宝断奶美食链接

♫ 果汁是最适合2~3个月宝宝吃的断奶美食

给宝宝喝果汁，最好选用当地当季产的新鲜水果榨汁。一般来说，春天可以给宝宝喝橘子、苹果、草莓等水果的果汁，夏天可以给宝宝喝西瓜汁和桃汁，秋天可以给宝宝喝葡萄汁、梨汁，冬天则可以喝苹果汁和橘子汁。

给宝宝制作果汁，最重要的是保持果汁的卫生。榨汁机、盛果汁的杯子、小匙等器具一定用开水或消毒柜进行消毒，并要注意避免二次污染。

为避免使宝宝摄入水果上的农药残留，榨汁前一定要削皮。榨好的原汁不能直接装入奶瓶中喂宝宝，而应该先过滤，以防果肉堵塞奶嘴。

给宝宝喝原汁还是稀释果汁，主要是看宝宝是否便秘。如果宝宝不便秘，可以在果汁中加入1倍温开水，稀释后喂宝宝；如果宝宝便秘，则可以给宝宝喝原汁。

温馨提示

宝宝在长牙之前，是靠吸吮乳汁、果汁、菜汁或各种流质辅食来获得营养和水分的，这些流质食物很容易附着在口腔底部黏膜等软组织黏膜上，成为细菌的温床，因此给宝宝喂食后要注意维护宝宝口腔清洁。

可以喂奶后再喂些白开水，冲洗或冲淡附着于口腔黏膜上的食物，也可洗手后用干净的纱布缠在手指上蘸些开水，擦拭宝宝舌头及牙龈处食物残渣，最好每次餐后清洁1次，如不便操作，也应最少每次睡前清洁1次。

猕猴桃汁

材料：猕猴桃1个。

做法：

1 将熟透的猕猴桃洗净，去皮，取半个，切碎。

2 用汤匙压出汁液，以洁净纱布滤汁，加适量温开水调匀。

营养功效：含有多种维生素、蛋白质、氨基酸及钙、镁、铁、钾等宝宝所需的矿物质，可帮助消化，防止蛋白质凝固，还可帮助排便。

喂食时间和喂食量：需要喂配方奶的宝宝下午16点左右(也可在任两顿奶之间)喂食1次，每次喂1~2小勺。

禁忌和注意：不能空腹给宝宝吃。

猕猴桃易与奶制品中的蛋白质凝结成块，不但影响消化吸收，还会引起腹胀、腹痛、腹泻，所以食用猕猴桃汁后一定不要马上给宝宝喂牛奶，如饮用牛奶，最少间隔1个小时。

有极少数宝宝会对猕猴桃过敏，常表现为起红疹或唇周起小水疱，若出现这种情况，应立即停用猕猴桃汁，还可以事先到医院去检测宝宝是否对容易过敏的食物(如杧果、猕猴桃、菠萝等)有不良反应。

葡萄汁

材料：鲜葡萄若干。

做法：

1 将葡萄洗净，放入开水中烫一烫，捞出葡萄，除去蒂。

2 用干净纱布将葡萄包好，挤出汁，以适量温开水调匀。

营养功效：葡萄能益气血，初秋时节给宝宝喂食可帮助机体排毒，解内热。葡萄汁对于改善宝宝发育迟缓(瘦小、面色萎黄、头发稀少)尤为有效。

喂食时间和喂食量：需要喂配方奶的宝宝上午8点左右(也可在任两顿奶之间)喂食1次，一天饮用1次即可，每次喂1~2小勺。

禁忌和注意：吃葡萄后不能立刻给宝宝喂水，因为葡萄与水、胃酸急剧氧化、发酵，加速肠道蠕动，会产生腹泻。

葡萄和牛奶不能同时喂给宝宝，葡萄里的果酸会使牛奶中的蛋白质凝固，不仅影响吸收，还会出现腹胀、腹痛、腹泻等症状，两者至少应间隔1个小时。

橘子汁

材料：橘子1个。

做法：

1 将橘子的外皮洗净，切成两半。

2 取半个橘子，用汤匙捣碎，再用纱布挤出汁液，加入适量温开水调匀即可。

营养功效：富含维生素C与维生素P，橘子汁还是钾元素的天然来源，且不含钠和胆固醇，具有强化宝宝免疫力的功能。

喂食时间和喂食量：需要喂配方奶的宝宝晚上9点左右(也可在任两顿奶之间) 喂食1次即可，每次喂1~2小勺。

禁忌和注意：喝完橘子汁之后，至少要隔1小时才能饮用牛奶，因为酸性饮料(橘子汁)容易把牛奶中蛋白质变成凝块状，极不利于牛奶的消化和吸收。

菠萝汁

材料：菠萝若干片。

做法：

1 菠萝洗净，去皮，切片。

2 取若干菠萝片，放在1%~2%的盐水(一杯白开水放少许食盐搅匀) 中浸泡20分钟。

3 取出菠萝片，用汤匙捣碎后取汁，以适量温开水调服即可。

营养功效：菠萝含有多种维生素和微量元素，有助于提高记忆力且热量小。菠萝汁还含有大量有机酸，可帮助宝宝消化。

喂食时间和喂食量：需要喂配方奶的宝宝上午10点左右(也可在任两顿奶之间) 喂食1次即可，每次喂1~2小勺。

禁忌和注意：菠萝中含有菠萝蛋白酶，有的宝宝会因此引起皮肤发痒、潮红等过敏症状，食用菠萝前一定要先用盐水浸泡，或者也可加热蒸煮，不仅令味道更加甜美，宝宝更喜欢，还把菠萝蛋白酶破坏了，减少发生过敏的可能。

苹果水

材料：新鲜苹果1个。

做法：

1 将苹果洗净，去皮，切开后去核，再切成小块。

2 将苹果放入锅中，按苹果肉与水约1∶3的比例加入开水，煮5~6分钟。

3 滤出苹果水，待放温后用奶瓶喂给宝宝即可。

营养功效：富含大量的维生素和微量元素，且煮熟的苹果水也比较容易消化，而宝宝胃肠功能偏弱，容易消化不良，所以苹果水特别适合宝宝。

喂食时间和喂食量：需要喂配方奶的宝宝上午10点左右(也可在任一顿奶前后1小时左右)喂食1次即可，每次喂1~2小勺。

禁忌与注意：应挑选熟透、没有酸味的苹果，酸苹果一定不要选用，而没有用完的剩余苹果不可继续食用，下次再做时应用新鲜的。

若用苹果榨汁食用，则要现榨现吃，否则苹果的有效成分会在空气中很快氧化。

山楂水

材料：山楂50克。

做法：

1 将山楂洗净，切开。

2 切好的山楂块放入锅中，加水煮开，凉至温热，取山楂水喂给宝宝即可。

营养功效：山楂营养丰富，几乎含有水果的所有营养成分，特别是含有比较多的有机酸和大量的维生素C，有开胃消食、活血化淤、平喘化痰的食疗作用，对宝宝很有好处。

喂食时间和喂食量：需要喂配方奶的宝宝下午16点左右(也可在任一顿奶前后1小时左右)喂食1次即可，每次喂1~2小勺。

禁忌和注意：喂给宝宝前可先尝尝味道，若太酸，可加少许白糖调味，或兑入适量温开水。

宝宝开始出牙时(一般6~7个月)要少吃山楂食品，因为山楂对牙齿的腐蚀比较厉害。山楂只消不补，脾胃虚弱的宝宝最好不要给予山楂食品。

♫ 菜汁是最适合3~4个月宝宝吃的断奶美食

可以用来给宝宝制作菜汁的蔬菜比较多，但一定要选择新鲜的时令蔬菜，反季节蔬菜营养价值相对较差，春天可选油菜、菠菜、卷心菜，夏天有黄瓜、番茄、莴苣、小白菜，秋天可选丝瓜、冬瓜，冬天有大白菜、萝卜。

做宝宝菜汁时，最主要的是注意清洁，蔬菜和使用的器具都要清洗干净，器具可用开水或消毒柜消毒，农药易残留在蔬菜上，

能够去皮的蔬菜要尽量去皮，不能去皮的蔬菜在清洗时，可把蔬菜放在清水里先浸泡20~30分钟，再用清水反复冲洗。

菜汁和果汁的饮用没有太大的区别，每天喝3~4次的果汁或菜汁即可，但一次不要超过20毫升，刚开始喝蔬菜汁时，要先用等量的温开水稀释，若宝宝没有不良反应，就可以渐渐过渡到喝原汁。

胡萝卜汁

材料：胡萝卜1根。

做法：

1 胡萝卜洗净，切小块，放入锅中。

2 锅中加水煮沸，再以小火煮10分钟，滤出汁液，喂给宝宝。

营养功效：胡萝卜含大量胡萝卜素，能够转化成维生素A，对防治宝宝缺乏维生素A而患夜盲症很有帮助。

喂食时间和喂食量：需要喝配方奶的宝宝晚上9点左右(也可在任两次喂奶之间)喂食1次，每次给宝宝喂2~3小勺。

禁忌和注意：有的胡萝卜根部发绿，多苦味，这样的胡萝卜不可以给宝宝做食物。胡萝卜性温，白萝卜性凉，两者一起吃会抵消各自的补益作用，降低食物的营养价值，故一天之内最好不要以胡萝卜汁和白萝卜汁交替喂宝宝。

油菜水

材料：油菜叶(或其他青菜及白菜)3片。

做法：

1 油菜叶洗净，切碎后放入锅中。

2 加适量水煮沸，滤出菜水，待凉温后喂给宝宝即可。

营养功效：油菜中含多种营养素，尤以维生素C最为丰富，且含钙量在绿叶蔬菜中为最高，在严寒的冬季饮用油菜水可增强宝宝体质，预防感冒。

喂食时间和喂食量：需要喝配方奶的宝宝上午10点左右(也可在任两次喂奶之间)喂食1次，每次给宝宝喂2~3小勺。

禁忌和注意：油菜叶洗净后，最好再用清水浸泡20分钟，以除去残余农药。煮熟的油菜过夜后就不要再吃，以免造成亚硝酸盐沉积，易引发癌症。

黄瓜汁

材料： 黄瓜半根。

做法：

1 将黄瓜洗净，去皮，切小块，捣碎。

2 用干净纱布包住捣碎的黄瓜挤出汁来，以适量温开水调匀。

营养功效： 鲜黄瓜中含有一种黄瓜酶，生物活性很强，能有效地促进机体的新陈代谢，黄瓜还具有清热解渴、利尿解毒等功效，对宝宝身体健康非常有益。

喂食时间和喂食量： 需要喝配方奶的宝宝下午16点左右(也可在任两次喂奶之间)喂食1次，每次给宝宝喂2~3小勺。

禁忌和注意： 宝宝的免疫力较低，肠胃适应性较差，饮用生黄瓜汁可能引发胃寒或肠胃不适，若宝宝出现不适，应停用或以黄瓜煮水喂给宝宝，平常吃黄瓜时应同时吃些其他的蔬果。

菠菜水

材料： 菠菜50克。

做法：

1 菠菜洗净，切碎，放入锅中。

2 锅中加适量水，加盖煮沸，关火，闷10分钟，滤去菜渣取汁，待凉喂给宝宝。

营养功效： 富含维生素C，具有抗氧化与强化免疫机能的功效，是维持肌肤健康的重要营养素，还具有帮助吸收铁质及钙的效用，能将氧气输送到全身，对宝宝有重要作用。

喂食时间和喂食量： 需要喝配方奶的宝宝上午8点左右(也可在任两次喂奶之间)喂食1次，每次给宝宝喂2~3小勺。

禁忌和注意： 菠菜中草酸含量较高，有碍钙的吸收，而宝宝对钙的需要量较大，所以一次喂食菠菜水的量不宜太大，等宝宝能吃菠菜做的辅食时，一定要将菠菜先以沸水烫软，捞出再制作。

白萝卜生梨汁

材料：白萝卜50克，梨5片。

做法：

1. 白萝卜洗净，去皮，切片，放入锅中。

2. 锅内加水，煮沸后以小火熬15分钟，加入梨片，再煮5分钟。

3. 滤渣取汁，待温，喂给宝宝即可。

营养功效：白萝卜中富含婴幼儿成长所需的钙质及多种维生素和铁质，梨有止咳化痰、清热降火的效果，能增强免疫力，对容易生病的宝宝来说是较好的食物。

喂食时间和喂食量：需要喝配方奶的宝宝下午16点左右(也可在任两次喂奶之间)喂食一次，每次给宝宝喂2~3小勺。

禁忌和注意：带苦味的白萝卜最好不给宝宝食用，制作前可先尝一尝，若味道不苦则可放心煮水。

白萝卜汁不宜和胡萝卜汁一起饮用，胡萝卜中含有一种抗坏血酸酵解素，会把白萝卜中的维生素C破坏掉。

番茄汁

材料：番茄1个。

做法：

1. 将成熟的番茄洗净，用开水烫软去皮。

2. 用清洁的双层纱布包好番茄，挤出番茄汁，用一定量温开水冲调后喂给宝宝。

营养功效：含有多种丰富的维生素，具有生津止渴、健胃消食的功效，且鲜美可口，是水果型蔬菜，对肠胃不好、食欲不振的宝宝来说是比较理想的食物，尤其适合夏季饮用。

喂食时间和喂食量：需要喝配方奶的宝宝上午8点左右(也可在任两次喂奶之间)喂食一次，每次给宝宝喂2~3小勺。

禁忌与注意：番茄性凉，有滑肠作用，若是宝宝有急性肠炎、菌痢，则最好不吃或少吃，以免加重腹泻症状。如深秋喂给宝宝喝时，注意兑上一定量的温开水。

制作时一定要选新鲜、成熟的番茄，不熟的番茄含有龙葵碱，宝宝抵抗力不强，容易中毒，一定不能喂宝宝没有熟透的番茄。

断奶食物添加Q/A

Q：给宝宝喂水时需要注意些什么？

A：最好给宝宝喂白开水，既不要加糖也不要加葡萄糖，更不能加盐。一般来说，1~4个月纯母乳喂养的宝宝也可以不喂水，因为母乳中有足够宝宝所需的水分，但是，如果宝宝特别爱动，经常出汗，或恰逢干燥天气，就需适当给宝宝喂点水。

1~4个月宝宝需水量不多，一天150毫升就够了，配方奶喂养的宝宝需要在两次喂奶中间喂一次水，每次50~100毫升。

Q：葡萄糖好消化，用它替代白糖用作辅食的甜味剂好吗？

A：不好。

虽然葡萄糖里含的单糖不必经过消化就能够直接被人利用，有利于宝宝吸收，却容易使宝宝的胃肠缺乏锻炼而无法提高消化能力，反而造成其消化功能的减退，影响其他营养素的吸收。

一般来说，葡萄糖用于为消化功能差的低血糖患者补充糖分，作为日常食品反而不如白糖、红糖或冰糖。所以，还是少给宝宝吃葡萄糖比较好。

当然，白糖和其他糖类也不能随意给宝宝吃，年龄越小的宝宝越应限制糖类的食用量，以免宝宝依赖糖类而养成不良饮食习惯。

Q：给宝宝添加果汁和菜水有什么讲究，该先加哪一种呢？

A：当宝宝能喝更多的果汁和菜水后，可以用专门的奶瓶和奶嘴，这样的奶瓶一般容量较小，差不多是一次的量，奶嘴的开口一般是十字形的，便于果汁较浓时顺利吸出，一般的圆孔奶嘴容易发生堵塞的情况。

一开始宝宝可能会对新食物有抗拒心理，最好趁宝宝心情愉快、较口渴时给予，当宝宝仍不愿接受时，也不要勉强，过些天再尝试。

应先加菜水再加果汁，宝宝天生喜欢甜味，果汁是甜的而菜水是淡的，若先添加果汁宝宝以后可能不肯吃菜水。

Q：给宝宝喝果汁的时候为什么要加水稀释，纯果汁不是更有营养吗？

A：4个月以内的宝宝肠胃发育不完全，不能完全消化和吸收新鲜纯果汁，会造成拉肚子、呕吐等症状，最好加点水稀释。

纯果汁还可能影响宝宝的味觉发育，因为纯果汁含有过多的果糖，味道一般都比较甜，若不加水稀释，会导致宝宝不肯喝白开水，甚至厌奶，也不利于其他味道辅食的添加。

一般到4个月以后，宝宝身体机能逐渐完善，可以根据实际情况慢慢减少兑水量，如果大便没有异常，可渐渐减少至不兑水。

Q：给宝宝喝菜汁需要兑水吗？

A：要视情况而定。

如果用榨汁机榨取蔬菜的汁，则需要冲兑一些水，兑多少水可视情况而定，原因与果汁差不多，是为了不让汁太浓。有的蔬菜需要多兑点水，如番茄汁太浓了会酸，宝宝不爱喝。如果是煮菜水，除了菜的清香味，一般不会有太浓的味道，可直接喂给宝宝。

Q：果汁、菜汁能一次做一天的量吗？

A：有条件的情况下，最好不要这么做。

现做现喂可以保证制作的果汁、菜汁味道鲜美、干净卫生，但如果家庭人员少，时间上实在无法协调，也可将当天制作好的果汁及菜汁分成几份，放进冰箱冷藏起来，待需要喂时以开水调温，以便及时喂宝宝。

要注意的是，隔日剩下的果汁及菜汁不能再喂给宝宝。

♫ Q：果汁可以煮熟了再喂吗？

A：鲜榨的果汁不用煮。

果汁煮熟后里面的维生素C就被破坏了，而且还影响口感。如果怕凉，可以兑温开水，尤其是添加新的果汁时，最好兑一倍的温开水，使果汁变温，这样可避免宝宝出现拉肚子等不良反应。

♫ Q：宝宝需要补充钙剂吗？

A：纯母乳喂养的宝宝，若母乳充足，6个月以前可以不考虑额外补充钙剂。喝配方奶的宝宝，如果奶量够，计算一下奶量中的钙，再考虑需不需要额外补充钙剂。

一般来说，0~5个月的宝宝每天需钙量约300毫克，母乳或配方奶摄入600~800毫升时，便可满足对钙的需要。

5~11个月的宝宝每天需钙量增至400毫克，而添加辅食后奶量减少，可开始补充钙剂，最好遵医嘱。3个月内宝宝缺钙的表现为：容易醒、睡不踏实，容易被很小的声音惊吓到，出汗多。宝宝应多晒太阳，这是补钙的重要途径。

♫ Q：给宝宝补充鱼肝油要注意些什么？

A：最主要是不要添加过度，宝宝对维生素A和维生素D的需求是有限的，添加过多的维生素A和维生素D，会使宝宝中毒。

在按照说明或是医嘱给宝宝添加鱼肝油的过程中，如果发现宝宝有头痛、恶心、口角糜烂、头发脱落、皮肤瘙痒、烦躁、精神不振等症状时，要引起注意，立即停服鱼肝油，并到医院进行诊治。

其次，鱼肝油与维生素D不可叠加喂。一般来说，在医生的指导下，适量地服用一两种保健品可能没问题，但将各种保健品混在一起吃可能引起营养素"叠加"，导致营养超标而出现隐患。

♫ Q：宝宝需要考虑补充维生素吗？

A：一般不需要。

配方奶中含有绝大部分宝宝所需营养，吃配方奶的宝宝不需要补充任何种类的维生素。吃母乳的健康宝宝，如果母亲每天的饮食合理，并能适当补充哺乳期营养，那么宝宝也能从母乳中获取所需的绝大多数维生素。

♪ Q：能不能用市售果汁代替自己制作的果汁、菜水给宝宝喝呢？

A：不可以。

因为目前市场上出售的饮料或多或少地都含有一些食品添加剂，不适合宝宝喝。另外，市场上的果汁饮料大多不是果子原汁，不能为宝宝补充多少维生素。因此，想给宝宝添加果汁、菜水的话，最好是自己动手制作，并且是现做现吃。

♪ Q：可以用煮好的蔬菜水给宝宝冲奶粉吗？

A：最好不要用煮好的菜水来冲奶粉。

蔬菜中含有草酸，和奶中的钙结合会形成不容易吸收的草酸钙，失去营养价值，给宝宝冲奶用白开水是最合适的。

♪ Q：给宝宝补充配方奶时，可添加营养伴侣吗？

A：可以的，但要注意适量。

营养伴侣是专为婴幼儿及儿童设计的超浓缩营养补充食品，含有DHA、ARA、核苷酸等将近50种营养成分，均衡浓缩，是在低温40℃左右的独特加工工艺下生产的，相比奶粉的150℃的加工工艺，营养成分损失小，可以满足更高的营养需求，配方奶喂养时适当加一些营养伴侣是合适的。

♪ Q：大人喝蜂蜜好处多，可以给宝宝添加一点吗？

A：不可以，1岁以内的宝宝不要喂蜂蜜。

蜜蜂在采取花粉酿蜜的过程中，很有可能会把被肉毒杆菌污染的花粉和蜜带回蜂箱，且蜂蜜在酿造、运输与储存的过程中，常受到肉毒杆菌的污染，所以蜂蜜中含有肉毒杆菌芽孢的可能性非常高。

肉毒杆菌芽孢适应能力很强，在100℃的高温下仍然可以存活，而宝宝的抗病能力差，非常容易使入口的肉毒杆菌在肠道中繁殖，并产生毒素，即使是微量的毒素也可使宝宝中毒。中毒后宝宝会先出现持续1~3周的便秘，而后出现弛缓性麻痹，宝宝哭泣声微弱，吮乳无力，呼吸困难。

为了宝宝的健康，1岁之前最好不要给宝宝添加蜂蜜，和蜂蜜比起来，其他的糖类补充更加安全，可以用新鲜的果汁取代蜂蜜给宝宝补充营养。

Part ③

4~6个月，断奶初期

4~6个月宝宝一日饮食安排表

♫ 4~5个月宝宝一日饮食安排

要继续坚持母乳喂养，若出现母乳不足的情况，可添加配方奶或其他乳制品，但不可因为奶量充足而忽视辅食的添加，到了4个月后，宝宝的消化器官及消化机能逐渐完善，活动量也增加了，消耗的热量增多，生长发育十分迅速，单纯的母乳可能无法满足宝宝目前的能量需求，应当及时地让宝宝尝试更多的辅食种类，以便宝宝接受更多的辅食。要注意的是，每加一种新的食品，都要注意观察宝宝的消化情况，出现腹泻要立即停止添加。

此外，宝宝4个月后，宝宝体内来自母体的铁基本消耗尽了，母乳无法补充足量，如果不通过辅食补充，将会出现缺铁性贫血，需要给宝宝添加蛋黄，补充铁质。还可以添加果泥、菜泥，辅食添加最好能养成定时定量的习惯。

主要食物	母乳或配方奶	
辅助食物	温开水、果汁、菜汁、菜汤、肉汤、菜泥、水果泥、蛋黄、鱼肝油、钙片	
餐次	每4小时喂奶一次，每日5次，每次喂15~20分钟（110~200毫升）	
哺喂时间	上午	6时、10时
	下午	14时、18时
	夜间	22时
备注	两次喂奶中间交替喂服温开水、果汁、菜汁、菜汤等，每次95毫升左右。 若妈妈要上班，可上午、中午、晚上各喂一次，其他时间改喂牛奶。 如果宝宝健康，还可在喂奶中间分次加喂肉汤、菜泥、水果泥、蛋黄1/4个。 鱼肝油每天1~3次，喂奶前半个小时加1~2滴，一天不超过5滴。 钙片每天3次，每次1~2片，或遵医嘱。	

♣ 5~6个月宝宝一日饮食安排

5~6个月宝宝牙齿可能会萌出，有的宝宝甚至已经长出了一两颗乳牙，这是锻炼宝宝咀嚼能力的时机，一定要及时地给一些泥糊状的食物让他锻炼，甚至有些宝宝可以给一些颗粒状的辅食了，比如豆腐、熟土豆、煮熟的蔬菜的碎块等。这一时期实际上已进入断奶的初期，每天可安排喂些鱼泥、蛋黄、肝泥、菜泥、果泥等，补充铁和动物蛋白，配以煮烂的稀粥、米糊补充能量，但米粥和米糊一天不可多吃，一次即可。

事实上宝宝到5个月以后会对大人们吃饭表现出强烈的兴趣，对乳汁以外的食物感兴趣，看到一些食物会伸手去抓或动嘴唇，并开始流口水，这也是宝宝想要吃辅食的主观表现，大人要及时地添加，为将来断奶作好准备。

此期为断奶过渡期，可给予半流质状食物，应注意适量，由稀到浓，循序渐进。

主要食物	母乳或配方奶	
辅助食物	温开水、果汁、菜汤、煮烂的米粥、薯泥、鱼肉、鱼肝油、钙片	
餐次	每4小时喂奶一次，每日5次，每次喂15~20分钟（120~220毫升）	
哺喂时间	上午	6时、10时
	下午	14时、18时
	夜间	22时
备注	从这个月起，宝宝白天睡眠比上月减少，晚上可一觉睡到天明，可加大白天喂奶量。白天可在喂奶间隙交替喂温开水、果汁、菜汤，每次100毫升。如果宝宝见父母吃饭时，小手伸出来，吧嗒嘴想吃东西，可以考虑给煮烂的米粥、薯泥、鱼肉，时间可在12时、18时。鱼肝油每天1~3次，每次1~2滴，一天5~6滴。钙片每天3次，每次1~2片，或遵医嘱。	

断奶初期怎么喂

给宝宝添加辅食的重要信号

当宝宝4~6个月大时，如果他向你发出一些明确的吃辅食信号，表示他准备好添加辅食了，妈妈就可以开始添加辅食。

1 能够控制头部。要接受辅食，宝宝的头部必须能够保持竖直、稳定的姿势。

2 停止"吐舌反射"。为了把固体食物留在嘴里并吞咽下去，宝宝需要停止用舌头把食物顶出嘴外的先天反射。

3 咀嚼动作。宝宝的口腔和舌头是与消化系统同步发育的，要开始吃辅食，宝宝应该能够把食物顶到口腔后部并吞咽下去。随着宝宝逐渐学会有效地吞咽，宝宝流出来的口水少了；宝宝也可能会在这时开始长牙。

4 食欲增强。宝宝似乎很饿，即使每天吃8~10次母乳或配方奶，看起来仍然很饿。

5 对大人吃的东西感到很好奇。宝宝可能会开始盯着你碗里的米饭看，或者在你把面条从盘子里夹到嘴里的时候伸手去够，这说明宝宝想尝尝食物了。

6 体重明显增长。多数宝宝体重增加到出生时的两倍左右(或大约6.8千克)，至少4个月大的时候，宝宝就已经准备好吃辅食了。

7 在有支撑的情况下坐直。即使宝宝还不能坐在婴儿高脚餐椅上，也必须能在有支撑的情况下坐直，这样才能顺利地咽下食物。

4~6个月的宝宝可以添加泥糊状辅食了

在此以前，宝宝的消化系统未发育完善，还没有准备好消化辅食，且母乳或配方奶就已为宝宝提供所需要并能接受的全部热量和营养，所以不需要添加辅食，只要让宝宝接触食物的味道即可。

而4~6个月的宝宝，消化功能渐渐成熟，能接受并消化辅食，这时母乳和配方奶的营养也已渐渐不能满足宝宝身体发育所需。比如铁，第4个月后，宝宝从母体带来的铁含量开始不足，需要从饮食中得到补充，且宝宝在行为上也会发生准备学习进食新食物的迹象，比如咀嚼动作、宝宝吃完奶后还意犹未尽等，这表示妈妈可添加辅食了。

具体的开始添加泥糊状辅食的月龄还可以遵循医生的建议。

怎样为4~6个月宝宝添加辅食

添加辅食必须依照宝宝的消化功能和营养需要而循序渐进，每次只添加一种，从少量开始，3~4日或一周后，待宝宝适应后再添加另一种，逐渐增量。还要根据季节和宝宝身体状况加以调整，若天气炎热、小儿患病，应暂缓添加新的食物，以免消化不良。如果发现宝宝大便不正常，要暂停正在吃的辅食或添加新辅食，待恢复正常后再重新添加。

在宝宝吃奶前、饥饿时添加辅食可以令辅食添加更顺利，因为宝宝比较容易接受，如果宝宝对吃辅食很感兴趣，可以酌情减少一次奶量。

添加辅食的步骤：

1 一开始可用乳汁或配方奶拌上未调味的宝宝米糊喂给宝宝，一方面可以锻炼宝宝的吞咽能力，另一方面宝宝不会出现适应新口味的不适反应。当然，这并不妨碍从尝试菜泥或果泥开始，或者还可以在宝宝米糊中拌入菜泥或果泥。

2 接下来可以逐渐添加半流质食物、泥糊状食物、半固体食物，为以后吃固体食物作准备。随着宝宝胃里分泌的消化酶类增多，可以从淀粉类流质食物开始，比如米汤、粥、宝宝米糊等，从1~2匙开始，以后逐渐增加，同时可将奶量减少一些，若宝宝不爱吃千万不能勉强。

3 随后，宝宝消化道中淀粉酶分泌量会明显增多，可多添加淀粉类食物，像根茎类菜泥中的薯泥、土豆泥等，以及粥、麦片、米粉等，还可在淀粉类食物中加入菜泥、蛋黄、鱼末等。宝宝适应后则可逐渐添加一些动物性食物(肝、蛋、鱼)。

宝宝的辅食要特别注意卫生，餐具要固定专用，除清洗干净外，还应每日消毒。不要大人咀嚼后再吐喂给宝宝，这种做法极不卫生，很容易传染疾病，也不要边吹边喂。喂时可以让宝宝手拿小勺，比画着教宝宝使用，除锻炼宝宝吃辅食的习惯外，还可增进宝宝的进食欲望。

♪ 从现在开始注意补铁

宝宝在胎儿期时，会大量汲取母亲体内的铁，这些铁能维持到出生后4~6个月，如果这个阶段只喂母乳或配方奶的话，宝宝就容易出现贫血。一般100克的母乳仅含0.1毫克的铁，而宝宝在发育过程中每天至少需要10毫克的铁，如果不能补充所失去的铁，宝宝现阶段就容易出现缺铁性贫血。

要在辅食中注意增补含铁量高的食物，例如蛋黄中铁的含量就较丰富，可以在配方奶或牛奶中加上蛋黄搅拌均匀，喂给宝宝，一开始只给1/4个，慢慢增加到半个。贫血较重的宝宝应在医生的指导下补充铁，千万不可自行喂服铁剂药物，以免产生不良反应。

添加米粉要注意哪些

一开始添加辅食，可以先给宝宝喂米粉，正确的添加方法是：

冲调：米粉和水的比例要根据宝宝月龄与适应能力而定，刚开始时可冲调得稀一点，慢慢地可以冲调得稠一些。

水温在70℃~80℃（一般家庭用饮水机里的热水温度）是最合适的，但要注意，冲调好的米粉不应再次烧煮，不然米粉中的水溶性营养物质会被破坏。

时间：初次添加可选在上午，这样即使宝宝吃后不适，也可及时看医生。现阶段每天吃一顿米粉就够了，6个月后，可在下午酌情添加一顿米粉或粥。最好不要等宝宝饿极了再喂米粉，那时宝宝是只要吃奶，而吃不进其他任何食物的。喂完米粉后隔3~4小时再喂奶。

不要在睡前喂米粉，有不少父母认为，睡前在奶里加一些米粉，这样宝宝会吃得更饱，睡得更久。实际上有经验的父母会发现，宝宝睡前吃米粉后并不能睡很久，夜里还要吃几次奶。其实，奶比米粉更耐饿，奶里的营养物质要远胜于米粉，米粉不可作为宝宝的主食，也不可以用米粉代替奶粉。

喂食：一开始米粉较稀时可放在奶瓶里让宝宝吸，逐步加稠（约需要两个星期）后要过渡到用勺喂，不能一直用奶瓶。

宝宝肠胃功能逐渐健全后，可将鸡、鸭、猪等的动物血以及肉泥、鱼泥、肝泥等含铁丰富又容易吸收的食物，直接调入米粉中食用。

等宝宝牙齿长出来，可以很好地吃粥和面条时，可以渐渐断掉米粉。

🎵 4~6个月宝宝可以添加的食物

4~6个月宝宝已进入断奶初期，已准备长牙或已长出一两颗乳牙，可添加的食物应以粗颗粒为好，不再像以前一样以流质食物（果汁、菜水等）为主，这样宝宝可以通过咀嚼食物来锻炼咀嚼能力，为日后的断奶作准备。

半流质淀粉食物：米糊、烂粥、烂面条或蒸蛋等，促进消化酶的分泌，锻炼咀嚼、吞咽能力。

蛋黄：高铁食物，可预防缺铁性贫血，开始时先喂1/4个，除加入牛奶或配方奶中外，也可单独以米汤或牛奶调成糊状，用小勺喂给宝宝，1~2周后可增加到半个。

水果泥：可将苹果、桃、草莓或香蕉等水果的果肉，用汤匙刮成泥喂给宝宝，起先只喂1小勺，逐渐增至1大勺。但要注意，一些水果对宝宝来说太酸，如橙子、柠檬、猕猴桃等，先不要喂。

蔬菜泥：可将土豆、南瓜或胡萝卜等蔬菜，清洗蒸煮熟透后用汤匙刮成泥喂给宝宝，从1小勺开始，逐渐增至1大勺。

鱼类：鱼肉含磷脂、蛋白质很高，并且细嫩易消化，非常符合宝宝的需求，一般蒸或煮熟后，去刺压成泥，可选罗非鱼、银鱼、青鱼、鲇鱼、黄花鱼、比目鱼、马面鱼等，此类鱼肉多、刺少，便于加工成鱼泥，但一定要选新鲜的鱼。

肉泥、肝泥：可补充铁和动物蛋白。肉泥可用鲜瘦肉剁碎，蒸熟；肝泥的做法是：生猪肝洗净去筋，用开水煮熟，以汤匙压碎。肉泥和肝泥可混入牛奶、菜水、粥中调和，再喂给宝宝吃，一次不要喂太多，一般2匙就够了。

动物血：含铁质较多且为血红素铁，易消化吸收。可将猪、鸡、鸭血蒸熟切末，加入粥、米粉内喂给宝宝，或单独切成丝、末与米粉、粥同食。

4~6个月宝宝断奶美食链接

♪ 半流质食物是适合4~5个月宝宝吃的断奶美食

5个月的宝宝需要逐渐熟悉各种食物的味道和感觉，适应从流质食物向半流质食物过渡。

这个阶段奶和奶制品仍然是宝宝的主食，可在喂奶后添加辅食，渐渐适应后可适当减少一次主食，改以辅食代替，每天加一次辅食即可。如宝宝有食欲的话，到5个月末可加到一日2次，上午、下午各1次，一般可放在宝宝小睡起床之后。

食物应呈糊状、滑软、易咽，不要加盐、味精、鸡精、酱油、糖等调味剂，可以米粉、米汤、稀粥等半流质食物为主。可以从添加最不容易引起过敏的宝宝米粉开始，每添加一种新的食物，都要仔细观察宝宝的神态、大便、皮肤状况，如果宝宝活泼、爱吃，没有起疹子，也没有肚子疼、腹泻，3~5天后可以添加第2种食物。

起先以1~2匙开始，若消化、吸收得很好，再慢慢增加一些。若一开始宝宝不太爱吃糊状或粥样食物，可在食物中多加些牛奶或温开水。

大米汤

材料：大米50克。

做法：

1 大米淘洗干净。

2 锅内放水，烧开，放入大米，煮开后把火调小。

3 熬煮到米烂汤稠，取上层的米汤，待稍凉喂给宝宝即可。

营养功效：米汤汤味香甜，含有丰富的碳水化合物及钙、磷、铁、B族维生素等，容易消化和吸收，是宝宝吃辅食初期比较理想的食物。

喂食时间和喂食量：可以在上午10点的喂奶时间（也可在其他喂奶时间）添加，每天1次，每次1~2小勺，以后可逐渐增加到4小勺。

禁忌和注意：大米在淘洗过程中很容易导致营养素流失，要特别注意方法，淘米应使用凉水，水温偏高会加速营养物质的溶解，将直接导致营养流失，也不要用流水冲洗。

宝宝现在还不能吃米饭，煮烂的米粒不要喂给宝宝。

玉米豆浆糊

材料：黄豆50克，玉米面1大匙。

做法：

1 黄豆提前一天用水泡开，用豆浆机打成豆浆。

2 玉米面加点冷水和均匀成糊状。

3 将打好的豆浆煮开加入玉米糊调小火搅匀再烧开即可。

营养功效：玉米富含钙、镁、硒、维生素E、维生素A、卵磷脂、18种氨基酸等30多种营养物质，可提高宝宝的免疫力，增强脑细胞活力。

喂食时间和喂食量：上午10点左右喂食1次，先喂1小勺，一天只喂1次，然后观察宝宝的大便，正常则可慢慢增至2小勺。

禁忌和注意：玉米是粗粮，虽好但给宝宝吃一定要控制量。

玉米要选新鲜的，鲜玉米的水分、活性物、维生素等各种营养成分都比老玉米高很多。玉米熟吃更佳，蒸煮可使玉米获得更高的营养价值，能抗癌症。

南瓜洋葱糊

材料：南瓜100克，洋葱1/4个。

做法：

1 洋葱洗净切碎，放入锅里，加水煮15分钟后捞出碾成洋葱泥。

2 南瓜去子和瓜瓤，削去外皮，切成块，再放入盘子内，隔水蒸熟后碾成南瓜泥。

3 将洋葱泥和南瓜泥拌在一起即可。

营养功效：含β-胡萝卜素，可增强宝宝免疫力，对改善秋燥症状大有好处。南瓜营养价值较高，含丰富的糖分，较易消化吸收，适合用来制作断奶食物，除做成汤、糊外，还可煮粥、蒸食。洋葱里的硫化合物是强有力的抗菌成分，洋葱能杀死多种细菌，其中包括造成我们蛀牙的变形链球菌。

喂食时间和喂食量：可在中午12点或下午16点左右喂1次，每日喂1次，每次喂1~2小勺。

禁忌和注意：南瓜不能给宝宝多吃，不然皮肤容易发黄，一天最好只给一顿。

蛋黄米粥

材料：大米50克，鸡蛋1个。

做法：

1 将大米淘洗干净，放入锅内，加适量清水，大火煮开，调小火熬至米烂汤稠。

2 鸡蛋煮熟，取1/4个蛋黄放入碗内，研碎后加入粥锅内，同煮几分钟。

营养功效：此粥黏稠，有浓醇的米香味，蛋黄富含宝宝发育所必需的铁质，是5个月宝宝非常必要的食物。

喂食时间和喂食量：可在中午12点或下午16点左右喂1次，每日喂1次，每次喂1~2小勺。

禁忌和注意：鸡蛋和牛奶不宜在一起高温蒸煮，蛋白质结构发生变化会使效果适得其反，煮蛋黄粥不要在粥中加牛奶。

香蕉牛奶糊

材料：香蕉半根，牛奶2大匙，玉米粉1小匙，白糖1小匙。

做法：

1 将香蕉去皮，研碎成糊。

2 锅置火上，倒入牛奶，加入玉米粉和白糖，用小火煮5分钟左右，边煮边搅匀。

3 煮好后倒入研碎的香蕉中调匀，待微凉后即可喂给宝宝。

营养功效：香蕉中含有丰富的钾和镁，维生素和糖、蛋白质、矿物质的含量也很高，牛奶中含有的碘、锌和卵磷脂可有效提高大脑的智能发育。此粥不仅有很好的强身健体效果，也是很好的代乳食物。

喂食时间和喂食量：可在中午12点或下午16点左右喂1次，每日喂1~2次，每次喂1~2小勺。

禁忌和注意：香蕉一定要选用成熟的皮呈金黄色的，青皮香蕉吃了会加重宝宝便秘。给宝宝食用香蕉一次不宜贪多，否则会很快引起体内微量元素如钾、镁等失衡，对健康不利。制作时一定要把牛奶、玉米粉煮熟。

菠菜粥

材料：菠菜100克，粳米50克。

做法：

1 将菠菜洗净，放滚水中烫半熟，取出切碎。

2 粳米煮粥后，将菠菜放入，拌匀，煮沸即成。

营养功效：为宝宝补充维生素B_1、维生素B_2、维生素C、维生素P和钙、磷、铁等物质，菠菜等绿色蔬菜有益于宝宝眼睛健康。

喂食时间和喂食量：下午14点左右喂食1次，每次喂1~2小勺，待适应后可逐渐增加食用量。

禁忌和注意：最初添加辅食最好不要以米粥代替米粉，因为米粥的营养元素比较单一。菠菜不能天天给宝宝做食物，菠菜中大量的草酸会将宝宝体内的钙变成不能吸收的草酸钙。

青菜米粉

材料：米粉50克，青菜叶30克。

做法：

1 青菜洗净，切碎。

2 中火将米粉煮开，下入青菜叶，沸腾后即可关火，盖锅盖闷5分钟。

营养功效：米粉是宝宝很好的主食，再加上青菜，能为宝宝生长发育提供膳食纤维、矿物质、维生素等营养成分。

喂食时间和喂食量：可在中午12点或下午16点左右喂1次，每日喂1次，每次喂给宝宝1~2小勺。

禁忌和注意：初次喂给宝宝青菜叶，千万要弄得细碎一些，要等到宝宝再大一点时，才能喂给稍大的菜叶。

牛奶藕粉

材料：鸡蛋1个，水1/4杯，配方奶1/4杯，藕粉1/2匙。

做法：

1 将藕粉加水搅成水淀粉，加水、配方奶搅拌后放入锅内；将鸡蛋搅成糊。

2 藕粉煮沸后淋入鸡蛋糊，边煮边搅成透明状即可。

营养功效：藕粉除含淀粉、葡萄糖、蛋白质外，还含有钙、铁、磷及多种维生素，可增强宝宝体质，是一款很好的断奶食物。

喂食时间和喂食量：可在中午12点或下午16点左右喂1次，每日喂1次，每次喂1~2小勺。

禁忌和注意：煮牛奶藕粉羹千万不要用大火，也不要煮到沸腾，温度达到100℃时牛奶中的乳糖就会出现焦化现象，可诱发癌症，且其钙质会出现磷酸沉淀现象，降低其营养价值。

胡萝卜米糊

材料：胡萝卜1小段，炼乳10克，营养米粉20克。

做法：

1 胡萝卜洗净切丝，放蒸锅蒸熟后取出捣成泥。

2 将胡萝卜泥、炼乳、营养米粉调成糊状即可。

营养功效：胡萝卜是一种可较早添加且营养成分丰富的食材，含丰富的胡萝卜素，还含有碳水化合物、钙、铁及维生素C、维生素B等多种营养素，可帮助宝宝尝试并适应新的食物，顺利断奶。

喂食时间和喂食量：可在上午11点或下午17点左右喂1次，一天喂给1次，1次2小勺，最初喂时可先试喂1小勺，若宝宝无不良反应，可渐渐增加。

禁忌和注意：如果偶尔来不及做新鲜的胡萝卜泥，可一次多做一些，冷却后用保鲜膜包好，标上制作日期，放入冰箱冷藏，但这个方法不能频繁使用，冷藏最好不要超过半个月。

♫ 泥糊状食物是适合5~6个月宝宝吃的断奶美食

　　这个阶段的宝宝牙齿逐渐萌出，胃的容量也增加了，给宝宝的食物可以从半流质类食物向泥糊状食物逐渐过渡，顺应消化功能的改变，满足宝宝的生理和营养需要，同时培养和巩固宝宝接受用匙喂食和咀嚼的习惯。

　　由于宝宝牙齿尚未萌出或者刚刚萌出，咀嚼和消化功能尚未健全，泥糊状食物是6个月宝宝辅食的最佳性状。

　　菜泥：可以从菜泥开始加起，添加菜泥可以补充丰富的纤维素、矿物质和维生素C。一般做法是：先将洗净的菜顺着菜茎撕下菜叶，并将菜叶放入沸水中加盖煮10分钟左右，稍凉后将煮烂的菜叶捣烂成泥糊状即可。

　　注意菜叶不要用刀切，以免将粗糙的纤维混入，不利于宝宝消化。菜泥可单独给宝宝喂食或调入稀粥、烂面糊中食用，每次约1汤匙，每天1~2次。除菜泥外，还可以如上法般制作其他蔬菜泥。

　　果泥：做法简单，味道也比较好，宝宝一般会很爱吃，经过十几天的果汁训练后就能放心给宝宝吃果泥了，但不要喂得太多，避免造成膳食不平衡，每次2~4匙即可。

　　鱼、肉、蛋、猪肝均含有人体所必需的优质蛋白质，而且还含有丰富的铁、锌、磷、钙等矿物质，是理想的辅食原料，6个月的宝宝可以从鱼泥和蛋黄开始添加，鱼肉比其他肉类质地更细嫩，适合这个阶段的宝宝。

　　鱼泥的一般做法：鱼去鳞及内脏并洗净，选取净鱼肉上锅蒸15分钟左右，然后去掉皮和鱼刺，用汤匙压成鱼泥。

　　要注意的是，这些泥糊状食物虽然也含有丰富的营养成分，但并不能提供足够的热量，因此还应坚持喂给宝宝一些米、面等含碳水化合物多的食品，若在烂米粥中加入一定数量的泥糊状辅食如鱼、肉、蛋、猪肝、蔬菜、豆制品等，则可算得上是比较上乘的宝宝断奶食物了。

土豆泥

材料：土豆1/4个。

做法：

1 土豆洗净，去皮，切成片，上锅蒸烂(约5分钟)。

2 用勺将土豆片趁热研成泥状。

3 加入适量温开水或牛奶，边煮边搅拌，至黏稠即可。

营养功效：土豆是高蛋白、低脂肪的营养食品，能为宝宝提供多种维生素和生长所必需的微量元素，夏季宝宝没有食欲时，可多喂给一些土豆食物。

喂食时间和喂食量：可在中午12点或下午16点左右喂1次，每日喂1次，每次喂2小勺。

禁忌和注意：切好的土豆不能长时间浸泡，以免造成水溶性维生素的流失。

煮蛋黄泥

材料：鸡蛋1个。

做法：

1 将鸡蛋洗净，放锅中煮熟，取出放入凉水中，略凉后剥壳取出蛋黄。

2 取1/4个蛋黄，加入少许温开水，用匙捣烂调成泥状即可。

营养功效：蛋黄中含有丰富的蛋白质、脂肪，还能提供多种维生素及矿物质，是宝宝脑细胞增长不可缺少的营养物质。

喂食时间和喂食量：可在中午12点或下午16点左右喂1次，若初次喂给蛋黄，可先用小勺喂宝宝1/8个蛋黄泥，连续3天，如无大的异常，增加到1/4个，再连续喂3天，仍正常则可加至1/2个。

禁忌和注意：少数宝宝(约3%)会对蛋黄过敏，如起皮疹、腹泻、气喘等，若喂食过程多次出现这样的情况，要暂停喂蛋黄，可等到7~8个月时再添加试试。

南瓜泥

材料：南瓜20克，米汤适量。

做法：

1 南瓜洗净，去皮，去子，切片，上锅蒸熟。

2 将蒸熟的南瓜捣碎，加米汤，放入锅内。

3 用小火熬煮片刻，边煮边搅拌，凉温后喂给宝宝即可。

营养功效：南瓜营养丰富，是秋天宝宝经常可用的代乳食物，除食用价值较高外还有不少食疗效果，有助保护宝宝的肠道健康。

喂食时间和喂食量：可在中午12点或下午16点左右喂1次，每日喂1次，每次喂1~2小勺。

禁忌和注意：应尽量将南瓜切得薄一些，这样容易捣烂，蒸的过程中可以给南瓜翻翻身，使其蒸熟蒸透。喂南瓜泥给宝宝的初期，最好先稀释，以免宝宝难以消化，日后可用匙直接刮下来喂。

红薯豆浆泥

材料：红薯50克，豆浆1杯。

做法：

1. 红薯削皮，洗净，蒸熟后捣成泥。

2. 豆浆煮开后放入红薯泥搅拌均匀即可。

营养功效：红薯含有膳食纤维、胡萝卜素、多种维生素及矿物质，其所含蛋白质比大米和面粉多，营养价值很高。宝宝大便秘结吃几次红薯即可好转，尤其在干燥的秋冬季，红薯对宝宝身体很有好处。

喂食时间和喂食量：可在中午12点或下午16点左右喂1次，每日喂1次，每次喂1~2小勺。

禁忌和注意：红薯应配合其他谷类食物同煮，单吃会导致营养摄入不均衡，将红薯和大米一起熬成粥是比较科学的。食用不宜过量，宝宝消化道并不完善，多吃容易引起腹胀、烧心、泛酸、胃疼等。红薯可切片后再蒸，这样能节约一些时间。

番茄鱼糊

材料：净鱼肉（鳕鱼、小黄鱼等均可）50克，番茄1个，鸡汤1碗。

做法：

1. 将净鱼肉放入开水锅内煮后，除去骨刺和皮；番茄用开水烫一下，剥去皮，切成碎末。

2. 将鸡汤倒入锅内，加入鱼肉同煮，稍煮后，加入番茄末，用小火煮成糊状即成。

营养功效：鱼肉软烂，味鲜，富含蛋白质、不饱和脂肪酸及维生素，宝宝常食能促进发育，增强体质。此菜含有丰富的蛋白质、钙、磷、铁和维生素C、维生素B$_1$、维生素B$_2$及胡萝卜素等多种营养素，有助宝宝生长发育。

喂食时间和喂食量：可在中午12点或下午16点左右喂1次，每日喂1次，一开始接触鱼肉可少给一点，半小勺或1小勺，待适应后可每次喂给2小勺。

禁忌和注意：要用新鲜的鱼做原料，且一定要将鱼刺除净，由于宝宝吞咽功能还不够完善，起初做鱼泥可先将鱼皮去掉。

鸡肝糊

材料： 鸡肝15克，鸡汤（不调味）1汤匙。

做法：

1 将鸡肝洗净，放入锅中煮去血水，取出。

2 将鸡肝上锅蒸10分钟，取出剥去外皮，用勺研碎。

3 锅内放入鸡汤，加入研碎的鸡肝，边煮边搅拌，成糊状即成。

营养功效： 此糊含有丰富的蛋白质、钙、磷、铁、锌及维生素A、维生素B₁和尼克酸等多种营养素，尤以含铁和维生素A较高，可防治贫血和维生素缺乏症，促进宝宝生长发育。

喂食时间和喂食量： 可在中午12点或下午16点左右喂1次，每日喂1次，每次喂1~2小勺。

禁忌和注意： 买回的鲜肝不要急于烹调，最好先用自来水冲洗10分钟，然后浸泡30分钟，以尽量除去动物肝中的毒素。制作时一定要研碎，便于宝宝进食及消化。

动物肝胆固醇含量高，一次不要贪多。

蛋黄豌豆糊

材料： 豌豆50克，鸡蛋1个，大米30克。

做法：

1 将豌豆去掉豆荚，放进搅拌机中，或用刀剁成豆茸。

2 将整个鸡蛋煲熟捞起，然后放入凉水中浸一下，去壳，取出蛋黄，压成蛋黄泥。

3 米洗净，与豆茸一起加适量水煲约1小时，煲成半糊状，然后拌入蛋黄泥即可。

营养功效： 这道宝宝的美食含有丰富钙质和碳水化合物、维生素A、卵磷脂等营养素。6个月的宝宝开始出乳牙，骨骼也在发育，这时必须供给其充足的钙质。此菜是补充钙质的良好来源，同时还有健脑作用，很适宜6个月的宝宝食用。

喂食时间和喂食量： 可在中午12点或下午16点左右喂1次，每日喂1次，每次喂1~2小勺。

禁忌和注意： 鸡蛋煮得过嫩，杀不死细菌，过老，宝宝难以消化，煮鸡蛋应以冷水下锅，小火煮开等2分钟停火，再泡5分钟，这样煮出来的鸡蛋蛋黄比较适合宝宝食用。

香蕉泥

材料：香蕉1/5根。

做法：

将香蕉剥去外皮，切成小块，用勺碾成泥，直接喂给宝宝即可。若宝宝接受情况不太顺利，可加少许温开水稀释。

营养功效：香蕉口感香甜，富含碳水化合物、淀粉、多种维生素、矿物质，尤其适合作为有肠胃问题的宝宝的断奶食物，能帮助消化，调理便秘。

喂食时间和喂食量：可选作早餐（上午6~7点）、中餐（下午14点左右）或晚餐（下午16点左右），每天吃1次，每次2~3小勺即可。

禁忌与注意：香蕉一定要选熟透的，香蕉泥最好是现吃现做，一次不要做多，香蕉泥不宜久放。不要将香蕉泥与红薯同食，最好也不要在连续两顿食物中同时出现香蕉和红薯。

番茄肝末糊

材料： 猪肝100克，番茄1个。

做法：

1 先将猪肝洗净切碎，番茄用开水烫一下后去皮切碎。

2 把猪肝末放入锅里，加入清水或清汤煮，快熟时加入番茄末煮熟即可。

营养功效： 猪肝不仅含有丰富蛋白质，还富含钙、铁等物质，对宝宝的生长发育极为有利，每周吃一次猪肝食物可以帮助宝宝补铁，预防婴儿缺铁性贫血。此菜补充维生素A、维生素E和丰富的钙、铁等，可有效防治宝宝贫血。

喂食时间和喂食量： 可在中午12点或下午16点左右喂1次，每日喂1次，每次喂1~2小勺。

禁忌和注意： 宝宝吃的猪肝一定要是新鲜的，冲洗时，可以放少许盐，给现阶段的宝宝烹调时则最好不放调味品。

断奶食物添加Q/A

Q：断奶与添加辅食是什么关系？

A：进行断奶过程的第一步就是让宝宝熟悉和接受食物的味道，接受辅食。断奶期是宝宝对食物形成第一印象的重要时期，辅食的添加可帮助宝宝顺利地自然断奶。

母乳是宝宝的最佳食品，但母乳喂养时间有限，一般4~6个月后母乳的营养就不能完全满足宝宝的需求了，即使是人工喂养，也因宝宝胃容量有限，不能单靠奶粉或牛乳来满足其营养需要，若不添加辅食，可致宝宝食欲下降或食欲异常，体重减轻，发生各种

营养缺乏症，影响宝宝智力发育，故必须适时断奶，并添加辅食。

辅食可以改变宝宝食物的质量，满足其生理需要，为断奶作好准备。乳类是流质食品，适合于无齿及消化能力尚不成熟的初生宝宝，3个月以上的宝宝消化能力逐渐成熟，可逐步添加半流质辅食，6个月起牙齿渐渐萌出，胃的容量也大大增加，需过渡到软食和固体食物，这样才能在断奶时不至于引起消化功能紊乱，也有利于咀嚼功能的训练。

Q：第一次吃米粉，宝宝却很爱吃，可以多给一点吗？

A：多吃几口是没有关系的。

不一定非要严格按照说明来，主要看宝宝的接受程度和食量。有的宝宝对米粉的接受程度比较高，多吃几口没关系；有的宝宝

食量本身比较小，或是由于体质、兴趣等原因，可能只吃很少的一点，也不要逼他，否则会让宝宝形成对食物的厌恶心理，反而不利于辅食的添加。

Q：用奶粉冲调米粉好不好，会不会更营养？

A：不好，也不会更营养。

宝宝奶粉有其专门的配方，最好是用40℃~50℃的白开水冲调，若加入米粉，会改变其配方，降低其营养成分，等于减少了

奶量，不利于宝宝更好地摄入营养；而且长期把米粉调在奶粉里吮吸，不利于宝宝吞咽功能的训练，容易造成进食障碍。可以在喂奶后单独添加米粉。

♪ Q：添加辅食有哪些简单的原则呢？

A：由一种到多种，由少到多，由稀到稠，特制清淡的原则。

1 由一种到多种：开始时应先试加1种，从口感到胃肠功能都逐渐适应后再加第2种、第3种，不要几种食物一起加。

2 由少到多：从少量开始，待宝宝愿意接受，大便也正常后，才可再增加量，若大便异常，应暂停喂食，待大便正常后，再以原量或少量开始试喂。

3 由稀到稠：从汁到泥，从果蔬类到肉类；如果蔬汁—果蔬泥—碎菜碎果，米汤—稀粥—稠粥。

4 特制清淡：最好给宝宝添加专门为其制作的食品，不要只是简单地把大人的食物做得软烂一些，尽量少加调味品，尤其是盐，以免增加宝宝肝、肾的负担。

宝宝患病时应暂缓添加辅食，以免加重胃肠道的负担，延误病情。

♪ Q：夏天时能给宝宝一点冷饮吗？

A：这是不可以的。

6个月内的宝宝应绝对禁食冷饮。这时宝宝的免疫系统还没有完全发育成熟，而冷饮中含有香精、稳定剂、食用香料等化学物质，过早地接触这些化学物质会使免疫系统早期致敏，日后会频繁地发生过敏反应。另外，

冷饮温度低，对肠胃刺激太大，大人尚且如此，宝宝受到的损伤自然更大。

所以，6个月内宝宝不要给予冷饮，蔬果食物也不要冷藏后直接喂食，即使冷藏过也应先以开水化温。

♪ Q：能在宝宝吃奶时趁机喂辅食吗？

A：可以，但是要从少量开始。

辅食在宝宝的食物中不占主要地位，宝宝并不会因为吃辅食而放弃吃奶。在添加的时候，可以先给宝宝喂通常量的一半的奶水，

中间给他喂一两勺新加的辅食，然后接着给他吃没吃完的奶，这能让宝宝更容易地接受新的食物。

♪ Q：宝宝爱吃果汁，用果汁调蛋黄好吗？

A：这是可以的，而且这样调和后补铁效果非常好。

如果发现宝宝不爱吃蛋黄，可以加入一些果汁或果泥，像苹果、西瓜、橙子等都可

以与蛋黄一起调和，改善一下口味。现阶段最好是用温开水兑稀，不要用纯果汁和果泥，要注意不能用冰镇西瓜榨汁，很容易刺激到宝宝的肠胃。

Q：第一次喂辅食时宝宝会反抗吗，怎么办才好呢？

A：有的宝宝会很乐于接受，但有的宝宝会抗拒进食。

第1次添加辅食，可以用小勺挑上一点点食物喂宝宝，轻轻地放入宝宝的舌中部，再轻轻地把小勺撤出来，让宝宝先尝尝味道，同时注意观察宝宝的反应。如果宝宝看到食物兴奋得手舞足蹈、身体前倾并张开嘴，说明宝宝很愿意尝试你给他的食物；如果宝宝闭上嘴巴、把头转开或闭上眼睛睡觉，说明宝宝不饿或不愿意吃你喂给他的食物，这时候就不要强喂，换个时间，等他有兴趣了再进行尝试。

Q：可以家庭自制米粉给宝宝吃吗？

A：最好不使用自制的米粉。

自制的宝宝米粉一般是把大米炒熟，然后磨成粉末，其实，这样不仅非常麻烦而且不能保证口感和营养。

对于宝宝来说，所吃的米粉必须均质很好，颗粒不能太大，也不要颗粒不均匀，这样才容易被消化吸收，自制米粉不好把握这个度，对宝宝不利。市售米粉成品中添加了各种科学配方的营养素，能较好地满足宝宝的需求，而自制米粉在营养上也不好操作。给宝宝吃的米粉最好购买那些品牌和口碑较好的成品，不宜自制。

Q：给宝宝喂辅食的勺子有什么要求吗，普通调羹行吗？

A：给宝宝用的勺子不能太大，也不要太小，咖啡勺那样大小的比较合适，质地要较软，比较浅的勺子就更好了。

不适合用普通的调羹给宝宝喂食。因为普通调羹一般比较宽、深，不太方便将食物送进宝宝的嘴里，宝宝也无法把调羹里的食物舔干净。

若宝宝有牙齿了，可以买专门给出牙宝宝使用的羹匙。这种勺子头上涂有橡胶涂层，不会伤到宝宝的牙齿，因为这个时期的宝宝喜欢咬勺子。

开始时只在小勺前面舀上少许食物，轻轻地平伸小勺，放在宝宝的舌尖部位，然后撤出小勺，要避免小勺进入口腔过深或用勺压宝宝的舌头，这会引起宝宝反感。

Q：喂宝宝前，怎样判断食物的热度呢？

A：试验食物的热度方法：将少许食物放在自己的手背上，感觉温度和体温相似，不烫手就可以了。

Q：宝宝6个月了，一直不肯吃辅食，是什么原因，怎么办呢？

A：这种情况是存在的，有的宝宝甚至到了7个月还是不肯吃辅食，这时一定不要着急，要仔细分析一下原因，采取相应的解决方法。通常宝宝不吃辅食有以下四类原因：

1 没有学会吃。

当宝宝已经习惯了吸吮式的吃奶动作，如果要求他突然用小勺进食，并改成用咀嚼、吞咽的方式去吃食物，宝宝可能会因为不知道怎么把食物吞下去而变得不耐烦，用舌头把食物顶出去，并拒绝吃东西。这时要耐心地多试几次，慢慢使宝宝接受小勺里的食物。

2 大人给得太多太急，宝宝来不及吞咽。

如果发现食物从宝宝嘴角溢出的情况，就说明喂给宝宝的食物已经太多了，这时候就要减少勺内食物的分量，并放慢速度，让宝宝有个吞咽的时间。

3 食物不合口味。

碰到这种情况，大人一定要多在宝宝的食物上下点工夫，一方面多花点时间研究一下宝宝的口味爱好，另一方面要根据宝宝的月龄特点，多加创新，做出种类丰富、形式多样的食物给宝宝吃。

4 进餐的氛围不好。

不要以为只有大人喜欢在愉快的氛围中吃东西，宝宝也同样需要愉悦地进餐。想解决这个问题，最重要的就是营造一个轻松愉快的氛围。宝宝不吃不要责备和不耐烦，更不能强喂。这时可以和宝宝说说话，逗一逗宝宝，宝宝高兴了，对新食物的接受就会变得更容易些了。

Q：西瓜是夏天里的解暑好食物，给宝宝夏天吃得多些行吗？

A：这是不可行的。

西瓜属于生冷食物，宝宝吃得太多容易伤脾胃，还会使消化能力减弱，甚至引起腹痛、腹泻等症状。若是宝宝本身就有脾胃虚弱、易腹泻的症状，则尤其不能多食，即使吃也一定要注意适量。

给宝宝吃西瓜绝非多多益善，正常情况下一次1~2小块就可以了。

Q：如果宝宝特别爱吃米面类辅食，能不能特别多喂给一些？

A：不能不加限制，尤其是米面类辅食。

开始添加辅食后，如果数量上不加限制，尤其是米面类辅食，宝宝很快就会变得肥胖起来。一般来说，如果添加辅食以后，宝宝每天体重增长超过了20克，或10天内体重增长超过200克，就要考虑辅食添加是否超量，或者是米面类辅食是否添加得太多。

如果宝宝特别喜欢吃辅食，可以多喂点肉蛋、蔬果类，不要以米面为主，目前宝宝的主食还应是母乳或配方奶，辅食则以水果和蔬菜为主。

Q：过敏体质的宝宝该怎么增加辅食？

A：大人首先要做的事情就是了解关于过敏食物的知识，知道哪些食物容易引起过敏，一般来说容易引起宝宝过敏的食物有以下几类：

食物特点	举例
富含蛋白质	牛奶、鸡蛋
海产类	鱼、虾、蟹、海贝、海带
气味特殊	葱、蒜、韭菜、香菜、洋葱、羊肉
刺激性比较大	辣椒、胡椒、芥末、姜
不易消化	蛤蚌、鱿鱼、乌贼
含细菌和霉菌	死鱼、死虾、不新鲜的肉、蘑菇、米醋
可以生吃	番茄、生花生、生核桃、桃、柿子
种子类	豆类、花生、芝麻

在使用这类食物的时候要仔细观察，一次不可给多，看宝宝有无过敏反应。同时还要注意辅食添加的种类、数量和次序：一般先给宝宝添加不易引起过敏的谷类食物(米粉、麦粉等)，其次是蔬菜和水果，再次是蛋类和肉类。添加的时候要从少到多，从一种到多种。

如果有过敏现象出现，要完全避免食用使宝宝发生过敏的食物(牛奶除外)，寻找别的食物进行替代。

Q：有什么方法可以让宝宝日后顺利地接受颗粒状食物？

A：首先是要把握好时机，及时进行训练。

宝宝学习咀嚼和吞咽有两个关键期，即4~6个月的敏感期和7~9个月的训练期。在这段时间里，要及时添加一些需要咀嚼和吞咽的食物，把软硬程度不同的食物分开盛放，单独给宝宝喂食，不要每次都把菜、肉等食物拌到粥里混着喂宝宝。

其次就是要坚持。

有些宝宝的喉咙比较敏感，只要宝宝还能吃得下，并且没有其他异常，就说明宝宝没有什么大问题，这时候需要采取的策略就是坚持，而不要因为担心宝宝消化不了而停止添加。对于已经错过最佳训练时机的宝宝，就需要爸爸妈妈们多花些力气，给宝宝多作几次示范，教会宝宝怎么做咀嚼动作，并减少喂食的量。

此外，还应给宝宝准备一些软硬适度、有营养的小零食，如手指饼干、切成小片的苹果或烤馒头片等，让宝宝拿在手里慢慢吃，尽可能多地锻炼宝宝的咀嚼和吞咽能力。

♫ Q：吃剩下的东西，能再次加热后喂给宝宝吗？

A：最好不要给宝宝吃剩下的辅食。

这一时期宝宝的免疫系统还没有发育完全，抵抗力低，非常容易因为感染病菌而生病。给宝宝添加辅食的时候，必须十分注意清洁卫生的问题，食物一定要新鲜，最好是现做现吃，尽可能不要吃加工、速冻的食品。

尤其是在夏天，气温高，食物容易变质，吃了留存过久的辅食，很容易使宝宝出现腹泻、呕吐等不良症状。

所以，不要给宝宝吃剩下的东西。如果怕浪费，大人可以吃掉，不要留着下顿再给宝宝吃。

♫ Q：宝宝大便干燥是怎么回事，该怎么办呢？

A：宝宝大便干燥的原因比较多，现在宝宝大便干燥可能是因为蛋白质摄入过量或是饮水不足。

1 蛋白质摄入过量。蛋白质摄入过多会使肠发酵菌的作用受到影响，使大便成为碱性，干燥而量少，难以排出。如果是这种情况，可以给宝宝多喂一些米汤、面条等蛋白质含量较少的食物，减少蛋白质的摄入。喝牛奶或配方奶的宝宝可以将牛奶或奶粉冲得稀一些,同时多加一点糖(每100毫升牛奶中加10克糖)，来改变食物中蛋白质的比例，缓解便秘症状。

2 饮水量不足。体内缺水会使得大便干结，引起便秘。

解决方法：多给宝宝喝点水，果汁、菜水、温开水等都可以适当增加一点。

此外，训练宝宝养成定时排便的习惯、每天给宝宝进行10分钟的腹部按摩，都有利于帮助宝宝预防便秘，缓解大便干燥的症状。

♫ Q：做的辅食宝宝不肯吃怎么办，是不是有什么技巧？

A：宝宝不肯吃做好的辅食时，切不可勉强。喂辅食前，可以让宝宝先饿一饿，消耗一点能量，比如推着宝宝到外面走走，晒晒太阳等，走一遭回来，往往会喂得比较顺利一些。不过，千万不要太过，更不能一连几次不给宝宝喂奶，有时饿极了，宝宝除了奶是什么都不肯吃的。

宝宝不肯吃辅食时，还要看看是否辅食做得不符合宝宝的胃口，比如食物是否有点硬、是否有点烫、味道太浓等，以至于宝宝不适所以不肯吃。

Part 4

6~8个月，断奶中期

6~8个月宝宝一日饮食安排表

6~7个月宝宝一日饮食安排

现阶段还是要坚持母乳或配方奶为主，但哺喂顺序可以改变一下，以往是先喂奶再喂辅食，现在可以试着先喂辅食再喂奶，为下一阶段断奶作准备。

从第6个月起，宝宝需要的营养物质和微量元素更多，添加辅食越来越重要，顺利的话，现在已经可以考虑让宝宝尝试稍硬的半固体食物，如较酥脆的饼干等，以促进牙齿的萌出和颌骨的发育。

比较适宜的搭配是：以谷物类为主食，配上蛋黄、鱼肉、肉泥、碎菜或胡萝卜泥，经常变换一下菜式，搭配些碎水果，如苹果、梨、香蕉、水蜜桃、草莓等，慢慢适应，逐步进入断奶阶段。

主要食物	母乳或配方奶、粥、菜泥、蒸蛋		
辅助食物	温开水、果汁、菜汁、鱼肝油、钙片		
餐次	喂奶每日4次，每次喂15~20分钟， 喂半流质辅食1次		
哺喂时间	上午	6时喂奶	
		10时可交替喂粥、菜泥、蒸蛋	
	下午	14时喂奶	
		18时喂奶	
	夜间	22时喂奶	
备注	温开水、果汁、菜汁等在两次喂奶间交替供给，每次110毫升 粥每天只能加一次 鱼肝油每天1~3次，每次1~2滴，一天5~6滴 钙片每天3次，每次1~2片，或遵医嘱		

♪ 7~8个月宝宝一日饮食安排

宝宝长到7个月时，已有了咀嚼能力，舌头也有了搅拌食物的功能，但这个月还是应以母乳为主，喂奶次数要减少，总奶量可以减少到每天500毫升左右，进一步增加辅食的量，以代替减少的奶，尤其是要增加半固体食物的量。

辅食方面，应该让宝宝尝试更多种类的食品，由于此阶段大多数宝宝都在学习爬行，体力消耗也较多，所以应该供给其更多的碳水化合物、脂肪和蛋白质类食品。同时为避免因叶酸缺乏而引起的营养不良性贫血，辅食的种类可以在前几个月的基础上增加面包、面片、芋头等品种。

总的来说，这个月辅食添加的基本原则是：次数基本不变（一天3次），时间不动，辅食种类要多起来，并注意合理搭配，以保证充足而均衡的营养。

主要食物		母乳或配方奶、肝泥、肉泥、核桃仁粥、芝麻粥、牛肉汤、鸡汤
辅助食物		果汁、菜汁、面包片、饼干、鱼肝油、钙片
餐次		喂奶每日4次，每次喂15分钟左右，喂半流质辅食2次
哺喂时间	上午	6时喂奶
		10时可交替喂肝泥、肉泥
	下午	14时喂奶
		18时喂奶
		19~20时可交替喂食核桃仁粥、芝麻粥、牛肉汤、鸡汤
	夜间	22时喂奶
备注		果汁、菜汁等可在每餐之间供给120毫升
		已出牙的宝宝可给小面包片、饼干等
		煮粥时不要大杂烩，应一样一样地制作，以保留不同食物的味道
		鱼肝油每天1~3次，每次1~2滴，一天5~6滴
		钙片每天3次，每次1~2片，或遵医嘱

断奶中期怎么喂

♫ 开始萌牙啦，可以添加半固体性的代乳食物

长到7个月时，大部分宝宝已经开始萌出乳牙，不仅咀嚼食物的能力逐渐增强，同时舌头也有了搅拌食物的功能，而且消化功能也随之增强，此时宝宝已经具备了充分消化蛋白质的能力，对饮食也显出了越来越明显的个人爱好。

宝宝的这些生理变化也预示着他需要更具有质感的食物了，一方面进一步锻炼其进食和消化能力，另一方面更好地满足其营养方面的需求。

这个阶段可以考虑给宝宝添加一些半固体性的辅食，颗粒状成形固体软食最适合此时宝宝对食物的性味需求，比如比以前略稠的粥或烂面，各种泥糊状食物等，甚至也可以加一些固体食物，如面包、胡萝卜片等，来训练宝宝的咀嚼能力。

一般说来，7~8个月的宝宝一开始可以喂各种粥或烂面，往里面添加一些荤菜(如肉末、蒸蛋、清蒸鱼肉、肝泥等）或素菜(碎菜、豆腐等），并逐渐单独添加肉类如鸡蛋羹、鱼肉泥、禽肉泥、猪肉泥、肝泥、豆腐、碎菜等。给过主食后可给些烤馒头片、面包干、饼干，让宝宝咀嚼，以锻炼牙床，帮助牙齿生长。

辅食可代替至少2次喂奶

这个阶段，可以适当减少喂奶次数，逐渐增加辅食的次数，但是每天奶的量仍要保持在600~800毫升。

宝宝7~8个月时，母乳的分泌开始减少，同时乳汁的质量也开始下降，宝宝可以尝试的辅食种类已经很多了，这时要适当减少奶量，用辅食来代替喂奶，在每日奶量不低于500毫升（600~800毫升）的前提下，减少2次奶量，用2次代乳食品来代替，到断奶中期末，

每天给宝宝添加辅食的次数可以增加到3次，可以分别安排在上午10时、下午14时和18时，相应的喂奶时间可安排在早起、中午和晚上临睡时。

用配方奶和牛奶喂养的宝宝，此时也不能完全把奶粉和牛奶作为主食了，和母乳喂养的宝宝一样要增加代乳食物，每天的奶量仍然要保持在500~600毫升之间。

6~8个月宝宝辅食怎么添加

1 辅食添加次数为1天2~3次，具体次数和食量还要根据宝宝的进食情况进行调整。

2 可以给宝宝多喂一些含蛋白质丰富的奶制品、豆制品以及鱼肉等，因为宝宝已经可以充分消化蛋白质了。

3 可将食物的稠度变高一些，颗粒可稍大一些，因为宝宝可以尝试用舌头把含水量较少的固体食物捻碎了。

4 辅食的性质以柔嫩的半固体为好，如碎菜、鸡蛋、粥、面条、鱼、肉末等。

5 蔬菜品种可更多样，胡萝卜、番茄、菠菜、卷心菜、萝卜等都可选。

6 吃过辅食后若宝宝不再想喝奶，不要勉强，待饿了再喂。

7 满8个月后，可以把苹果、梨、水蜜桃等水果切成薄片，让宝宝拿着吃，香蕉、葡萄、橘子可整个或整瓣给宝宝拿着吃。要多激励宝宝自我进食，因为学习用手拿东西吃，是坐在餐桌前自己吃饭的第一步。

6~8个月宝宝辅食又添新花样

6个月前宝宝辅食一般强调要简单，不追求复杂，在本阶段宝宝对食物开始表现出自己的喜好和欲望，可以在增加辅食次数的同时，增加辅食的花样，丰富食材的搭配，扩大食材的选择范围，丰富宝宝的味觉。

在食材的选用方面，可以将原来的精细半流质食物过渡到稍粗糙的颗粒状，慢慢地也可以试着喂一些小块成形的切片固体食物给宝宝，不过食物的硬度，要由软至硬慢慢调整，不可一蹴而就，现阶段食物的硬度以豆腐的感觉为准较好。

♫ 平衡营养，吃得饱还要吃得好

辅食的选择范围广了，搭配丰富了，更要考虑到如何使食物中的各种营养平衡，以下是一份食物搭配建议表，可以在搭配食物时根据实际情况参考，尽量使各种营养摄入平衡。

食物种类	可选食物	备注
主食类	宝宝营养米粉、粥、面等	以谷物类为主
蛋白质	鸡蛋、鸡肉、鱼、豆腐、干酪、豆类	建议每天食用1~2次，最佳搭配是动物蛋白与植物蛋白交替进行
矿物质、维生素	蔬菜、水果	建议每天食用1次
给宝宝自己拿着吃的食物	面包、磨牙饼干、切成片的水果	8个月的宝宝会有充分的自我表现欲望，想要自己吃东西，一旦开始，可吃的食物种类便会迅速增加

注：每餐从前三类食物中至少选一种，在具体操作过程中，可以根据宝宝的个体差异进行控制。

几种主要食物的喂养建议

食物名称	建议	备注
粥	可喂稠粥，起先可加菜泥(2~4汤匙)，日后可逐渐过渡到肉末、鱼肉、肉松等(注意不是一次都加入，一次可加一样)	每天2次，每次1小碗(6~7汤匙)
鸡蛋	如果以前吃半个蛋羹，现在可以过渡到整个蛋羹；蛋黄可继续添加，进食情况良好时，可添加一个	一天1次即可
馒头片或饼干	一开始不要多，给半片即可，宝宝可以学着啃，促进牙齿的发育	每天喂奶前给1次，每天2~3次

♨ 6~8个月宝宝可添加的食物

主食类食物开始成为主要代乳食品：

　　米粉、麦粉、粥、烂面条： 提供能量，锻炼吞咽能力。要比6个月前稠一些，粥可选用各种谷物，面条仍然要掰成小段煮烂，米粉、粥、面条中均可加一些肉泥和碎菜、蛋黄等。

质地较以前粗糙些的食物：

　　8个月是宝宝的萌牙期，口感粗糙的食物（含纤维素多些或是丁块状食物，如煮熟的蛋黄、香蕉丁等）对萌牙非常有益，可以帮助宝宝学习咀嚼这一必要技巧，如果没有机会学习如何咀嚼，日后宝宝只会吃质感细腻的食物，难以接受其他食物。要注意食物的安全，保证即使吞食也仍然能够消化，且尽可能不添加盐、糖或淀粉。

　　蔬果： 这时宝宝可以接受从菜水、果汁到菜泥、果泥各种形态的食物，蔬果泥可以略粗些，这个阶段还可以喂泥状的扁豆，但仍然要避免洋葱、香菜等味道浓烈、刺激性比较大的蔬果。

　　鱼、肉、禽类食物： 鱼可以做成鱼泥，也可以清蒸或做成鱼松，但特别要注意剔净鱼刺，一些家禽和家畜的肉(猪肉、牛肉、鸡肉等)，则可以做成肉泥或肉末以及肉松，可提供足量的蛋白质、脂肪和热量。

　　动物肝、血： 可为宝宝提供丰富的铁质及其他营养，可做成肝泥或血丁，也可加入主食中一起喂。

　　宝宝可以自己拿起来吃的，手抓食物，容易握住，可让宝宝学着自己进食，可锻炼咀嚼能力。

　　手抓食物： 任何容易握住的食物，如土豆泥、小花卷以及鱼片、切片的熟鸡蛋、熟软的水果(香蕉、苹果片、去子的橘瓣等)，要注意食物的形状可以尽量切得奇特些，准备不同香味、形状、颜色的食物，以刺激宝宝的食欲。

　　磨牙食品： 烤馒头片、面包干、磨牙饼干等，锻炼宝宝的肌肉和牙床，促进乳牙的顺利萌出。要注意面包最好不要给全麦或杂粮的，以免里面较硬的碎片噎着宝宝。

♨ 6~8个月宝宝断奶食物要注意

1 喂食速度不要太快，如果宝宝吃得比较慢，千万不要催促他，一定要耐心等待宝宝将食物嚼碎吞咽后再喂第2勺，可帮助他充分练习咀嚼，催促会给宝宝留下吃饭不愉快的体验，极不好。

2 当宝宝有不想进食的表现时，千万不要一再劝说他再吃一点，强迫喂食可能导致宝宝厌食，宝宝不想再吃时一般会撅起嘴巴、紧闭嘴巴、扭头躲避勺子、推开大人的手等，这时要停止喂食。

3 要根据宝宝的实际情况喂食，不要跟别的宝宝攀比，每个宝宝的实际情况都有差别，对各种食物的适应程度也不一样，吃多吃少都对宝宝身体发育不利，如果不根据自身需求调整，容易引致消化不良或者肥胖、厌食等健康隐患。

6~8个月宝宝断奶美食链接

适合6~8个月宝宝吃的断奶美食——颗粒状或半固体软食

豆腐蛋黄粥

材料： 豆腐1小块，鸡蛋1个，大米粥小半碗。

做法：

1 豆腐压成碎泥状，鸡蛋煮熟后，取出蛋黄压碎。

2 粥放入锅中，加上豆腐泥，煮开后撒下蛋黄，用勺搅匀，待粥再开即可。

营养功效： 这是一道形色美观、柔软可口的辅食，可为宝宝提供丰富的蛋白质、脂肪、碳水化合物和维生素及矿物质，且易于消化，兼具提高血色素的功效。

喂食时间和喂食量： 可在上午10点左右喂食1次，一天喂1次，一次可喂给2汤匙的量(6~7小勺)。

禁忌与注意： 豆腐和鸡蛋搭配可以提高豆腐蛋白质的利用率，和青菜搭配可以使营养更全面，但是最好不要将豆腐与菠菜搭配，以免食物中的钙质流失。

胡萝卜肉末粥

材料： 胡萝卜1小段，大米50克，肉末10克。

做法：

1 胡萝卜洗净后煮熟，捞出捣成泥；大米淘洗干净。

2 起锅，加入适量水，下大米和肉末一同熬粥。

3 待粥熬成时加入胡萝卜泥拌匀即可。

营养功效： 这道粥营养丰富，含有丰富的钙质、蛋白质、铁质、胡萝卜素、维生素C及B族维生素，可增强宝宝抵抗力，促进宝宝身体发育。

喂食时间和喂食量： 可在上午10点左右喂食1次，一次喂半小杯(约100毫升)即可，一天最多1次。

蒸蛋黄羹

材料：鸡蛋1个。

做法：

1 将鸡蛋打开一个小口，慢慢把蛋清倒出，再打破鸡蛋，取出蛋黄，搅打均匀。

2 加入1倍凉白开水，再次打匀，上锅用大火蒸5~7分钟，至凝固就差不多了。

营养功效：鸡蛋黄中含丰富的铁、钙、磷、卵磷脂、胆固醇等，有助于防止宝宝缺铁性贫血及增强记忆力。

喂食时间和喂食量：可在上午10点左右喂食1次，一开始可只喂给半个，逐渐加到吃1个，宝宝吃不完1个蒸鸡蛋时也不要勉强。

禁忌与注意：用凉白开水蒸鸡蛋，可以使蒸出来的蛋羹更滑嫩，且蒸熟后没有气孔，注意不要加盐或香油，以免破坏宝宝的味觉。宝宝发烧时也不要吃鸡蛋羹，以免加重病情。

蒸豆腐

材料：老豆腐1块(80克左右)，鸡蛋1个，青菜叶10克，淀粉适量。

做法：

1 将豆腐投入沸水中汆烫一下，捞出来沥干水捣碎；鸡蛋煮熟后取蛋黄。

2 青菜叶洗净，投入沸水中汆烫后切碎放入碗中，加豆腐、淀粉搅拌均匀。

3 将豆腐做成方形，将蛋黄捣碎后撒在豆腐表面，入蒸锅蒸10分钟即可。

营养功效：可以为宝宝提供大量的植物蛋白质，蛋白质是豆腐最主要的营养成分，每100克豆腐里面含蛋白质约34%，还可以为宝宝补充钙，具有清热解毒、生津止渴、补中益气的作用。

喂食时间和喂食量：可在上午10点左右喂食1次，一天喂1次，一次可喂给2汤匙的量(6~7小勺)。

禁忌与注意：煮豆腐的时间不可太长，不然会把豆腐煮老，反而不易于宝宝消化。北豆腐与南豆腐不同，是用盐卤做凝固剂，因而不如南豆腐水分多，因此特别适合用来煮食。

苹果蛋黄粥

材料： 苹果半个，熟鸡蛋黄1个，玉米粉2大匙。

做法：

1 苹果洗净，切碎；玉米粉用凉水调匀；鸡蛋黄研碎。

2 锅置火上，加入适量清水，烧开，倒入玉米粉，边煮边搅动。

3 烧开后，放入苹果和鸡蛋黄，改用小火煮5~10分钟即可。

营养功效： 苹果中的锌对宝宝的记忆有益，能增强宝宝的记忆力。鸡蛋黄中所含的卵磷脂是脑细胞的重要原料之一，因此对宝宝智力发育大有裨益。这道粥宜常食，但一次不宜食太多，以免消化不良。

喂食时间和喂食量： 可在上午10点左右喂食1次，一天喂1次，一次可喂给2~3汤匙的量(6~9小勺)。

禁忌和注意： 苹果可以刺激肠道蠕动，但苹果过量食用，反而会导致宝宝便秘，应有所节制。

鱼肉豆腐

材料： 豆腐、鱼肉各50克，番茄半个，鱼汤半碗，葱花、姜末各适量，白糖适量。

做法：

1 豆腐洗净，放入沸水中余烫后捞出放入小碗中碾碎；番茄余烫后去皮切碎。

2 起锅烧水，下葱花、姜末，再放入鱼肉煮熟后捞出，剔除鱼刺后碾碎。

3 另起锅倒入鱼汤，下鱼肉末、豆腐末、番茄末，大火煮成糊状后加适量白糖即可。

营养功效： 这一款辅食含丰富的动物蛋白及人体必需氨基酸，还可为宝宝提供钙、铁、磷等矿物质，可预防缺铁性贫血、佝偻病等疾病。

喂食时间和喂食量： 可在上午10点左右喂食1次，一天喂1次，一次可喂给2汤匙的量(6~7小勺)。

禁忌与注意： 鱼的侧面皮下各有一条白筋，这是鱼腥味的来源地，由于宝宝的食物不好调味，因此在处理鱼肉时可以将这两条白筋抽干净，这样可以最大限度地去除鱼腥味。

制作时必须把鱼刺和鱼骨挑干净，最好去掉鱼皮，豆腐宜与鱼肉同食，能够提高豆腐中蛋白质的吸收利用率，提高豆腐的营养价值。

肉末青菜粥

材料： 大米50克，绿叶蔬菜20克（油菜、菠菜、小白菜均可），猪瘦肉20克。

做法：

1 大米淘洗干净；取新鲜绿叶蔬菜洗净，入开水中煮软，捞出切碎。

2 瘦肉洗干净，剁成细泥。

3 锅内加适量清水（约4杯），放入大米，煮开，换小火熬煮半小时。

4 放入碎菜末和肉末，边煮边搅拌，约煮5分钟即可。

营养功效： 能为宝宝提供足量的碳水化合物，满足宝宝成长发育和活动需要的同时，还可补充维生素和铁质。

喂食时间和喂食量： 可在上午10点左右喂食1次，一天喂1次，一次可喂给2汤匙的量（6~7小勺）。

禁忌与注意： 如果取稍厚些的瘦肉块，用边缘稍微锋利些的勺子顺着肉的一个方向刮，也可以刮出较细的肉泥，比剁起来方便些。猪肉很容易变质，最好每次都使用新鲜的。

鸡汁土豆泥

材料： 鸡汤1大匙，土豆1个。

做法：

1 土豆洗干净放入锅中，水没过土豆，中火煮30分钟，捞出放入料理机打成土豆泥。

2 起锅，倒入鸡汤煮沸，再将煮沸的鸡汤浇到土豆泥上即可。

营养功效： 鸡汤可帮宝宝补充蛋白质、维生素A和钙、铁等矿物质，土豆富含叶酸，可补充叶酸，有助于宝宝血管神经的发育，土豆还可为宝宝提供热量，肉类搭配土豆对宝宝健康很有益。

喂食时间和喂食量： 可在上午10点左右喂食1次，一天喂1次，一次可喂给2汤匙的量（6~7小勺）。

禁忌和注意： 土豆一定要削皮，一顿辅食之中最好不要同时含有猪肝和鱼肉及禽肉，以免降低营养效果，喂这款辅食前后不要喂给宝宝香蕉，以免引起宝宝腹泻。

鳕鱼苹果糊

材料： 新鲜鳕鱼肉10克，苹果10克，婴儿营养米粉2大匙，冰糖1小块。

做法：

1. 将鳕鱼肉洗净，挑出鱼刺，去皮，煮烂制成鱼肉泥。

2. 苹果洗净，去皮，放到榨汁机中榨成汁（或直接用小匙刮出苹果泥）备用。

3. 锅置火上，加入适量水，放入鳕鱼泥和苹果泥，加入冰糖，煮开，加入米粉，调匀即可。

营养功效： 鳕鱼含丰富蛋白质，对记忆、语言、思考、运动、神经传导等方面都有重要的作用。苹果具有清热、解暑、开胃、止泻的功效，对于消化不良、便秘、慢性腹泻、贫血和体内维生素比较缺乏的宝宝很好。

喂食时间和喂食量： 可在晚上18~19点喂食1次，一天喂1次，每次可喂给1汤匙的量（约4小勺）。

禁忌与注意： 制作时要把苹果切得碎一些，可以煮得久一点，尽量煮烂，不要给宝宝吃太多，苹果吃多容易引起便秘，且苹果糖分多，宝宝吃多不好。

猪肉猪肝泥

材料： 猪肝、猪肉各30克。

做法：

1. 猪肝洗净，去筋膜后剁成猪肝泥；猪肉洗净剁成泥。

2. 将猪肝泥和猪肉泥放入碗内，加水适量搅匀。

3. 将混合的猪肝、猪肉泥放入蒸笼蒸熟即可。

营养功效： 肉泥肝泥可保留丰富的蛋白质、脂肪、铁、磷、钾、钠等矿物质，以及全面的B族维生素，为宝宝生长发育补充各种必要的营养，且能预防宝宝缺铁性贫血，增强宝宝视力，促进宝宝免疫系统的发育。

喂食时间和喂食量： 可在晚上18~19点喂食1次，一天喂1次，每次可喂给1汤匙的量（约4小勺）。

禁忌与注意： 尽量选择新鲜的瘦肉，如果肉味膻腥，宝宝可能不肯吃，可放极少量的料酒调整，但一定不能多，尽量保持食物的原味，以免日后宝宝口味变重，长大挑食。

西蓝豆腐泥

材料： 嫩豆腐50克，西蓝花100克，番茄1个，高汤适量。

做法：

1 番茄洗净，焯烫后去皮，压成泥；豆腐洗净，入沸水中余烫2分钟，取出后压成泥；西蓝花洗净，焯烫后剁成泥。

2 高汤放入锅内烧开，下所有食材，再次煮开后搅拌均匀即可。

营养功效： 西蓝花的蛋白质、碳水化合物、脂肪、矿物质含量都很丰富，而且维生素C的含量比辣椒还要高，它的平均营养价值及防病作用远远超出其他蔬菜，所以多吃西蓝花可以让宝宝更健康。

喂食时间和喂食量： 可在晚上18~19点喂食1次，一次2~3汤匙(6~9小勺)，一周1~2次即可。

禁忌与注意： 西蓝花可以不必煮得过烂，比豆腐稍硬一些，这样能让宝宝多嚼几次，提高咀嚼能力，也有利于营养的吸收。这道菜不可与猪肝一同进食，不然会影响微量元素的吸收。

肉末番茄面

材料： 番茄1个，猪肉50克，儿童挂面50克，盐、香油各适量。

做法：

1 番茄洗净，余烫后去皮，切成细末；猪肉洗净，剁碎成肉末，用香油、盐拌好。

2 将挂面下入煮过肉的水中，开锅后放入番茄粒和肉末，续煮5分钟。

3 盛入碗中，加入香油，拌匀即可。

营养功效： 番茄富含胡萝卜素以及各种维生素，还含有苹果酸、蛋白质、脂肪、糖类、粗纤维、钙、磷、铁等营养物质，宝宝常吃，可以保健防病。此面口味鲜美，操作简单，含有丰富的蛋白质、维生素、钙和铁，非常适合作为宝宝辅食中的主食。

喂食时间和喂食量： 可在晚上18~19点喂食1次，一天喂1次，量可根据宝宝的需求量来调整。

禁忌与注意： 煮面的时候要注意火候，不要用大火，如果宝宝饮食一直正常，可以在面中加一点点橄榄油或植物油，味道会更香。

现阶段制作辅食时若需要用到食物油，可以添加少许给宝宝尝试，一开始不要多，1~2滴即可，以后可增加一点，但一定不要将食物做成油腻腻的那种，不易于消化。宝宝的食物油以植物油为佳，不要用动物油，宝宝已经可以完全使用黄油，但量不要大。

肉末菜粥

材料：大米、菠菜各50克，肉末10克。

做法：

1 菠菜洗净后煮熟，捞出切碎；大米淘洗干净。

2 起锅，加入适量水，下大米和肉末一同熬粥。

3 待粥熬成时加入菠菜拌匀即可。

营养功效：此粥除蛋白质外还含有丰富的钙、磷、铁等矿物质，还富含碘，对宝宝的健康大有裨益，是营养比较全面的一款辅食。

喂食时间和喂食量：可在下午18点左右喂食1次，每次喂半碗（约100毫升）即可，每天1次。

禁忌与注意：这道辅食中最好不要加入豆类食品，如豆腐，豆类食品中的植酸会与食物中的蛋白质和矿物质元素结合形成不容易被身体消化吸收的复合物。如果一天中同时安排了这道辅食和豆腐类辅食，不妨将两道辅食错开一顿，一顿早餐，另一顿则作为晚餐。

鸡肉香菇面

材料：鸡肉20克，小香菇1朵，菜心少许，婴儿面适量，酱油少许，香油1滴。

做法：

1 鸡肉放入锅内煮5分钟，放凉后切丁；小香菇洗净，放入开水中焯烫一下捞出；菜心洗净。

2 锅内放水烧开，下面条煮熟，放入鸡肉、小香菇、菜心拌好，滴入酱油、香油调味即可。

营养功效：鸡肉肉质细嫩，滋味鲜美，并且含有丰富的蛋白质，适合作为辅食给宝宝食用，在营养面中加入鸡肉，并加入香菇，能给宝宝提供营养美味的大餐。

喂食时间和喂食量：可在晚上18~19点喂食1次，一天喂1次，每次可以给宝宝吃1小碗（约100毫升）左右。

禁忌与注意：若是宝宝正处于感冒期间，或是有感冒症状时，不要给宝宝吃鸡肉类的辅食，鸡肉性温热，而感冒时常伴有发烧、头痛、乏力、消化能力减弱等症状，不利于感冒恢复，应多吃清淡、易消化的食物。

虾蓉小馄饨

材料：虾仁50克，干香菇2个，小馄饨皮5片，紫菜少许，肉汤2碗，盐、香油各少许。

做法：

1 将虾仁切碎；泡开的香菇、紫菜除去水分，切碎。

2 将虾仁和紫菜、香菇混合，拌成馅，并用馄饨皮包好。

3 锅置火上，倒入肉汤，烧开，放入馄饨，加入盐，煮熟，淋上香油即可。

营养功效：香菇含有蘑菇多糖，常吃香菇，可以提高人体的免疫能力，增强人体的抗病能力。虾肉味道鲜美，营养丰富，含有丰富的不饱和脂肪酸，对促进宝宝血液循环有利，可以为处于成长时期的宝宝提供必要的能量和营养素，尤其适合身体瘦弱、食欲不振的宝宝。

喂食时间和喂食量：可在晚上18~19点喂食1次，1次可以喂给宝宝5~10个，每周2~3次即可。

禁忌与注意：妈妈在市场上选购香菇时要注意，那些特别大、特别艳丽的香菇不要给宝宝吃，因为它们很可能是激素催肥而成，对宝宝可能造成不良影响。

香菇具有极强的吸附性，必须单独贮存，即装贮香菇的容器不得混装其他物品，贮存香菇的地方不宜混贮其他物质。

面包粥

材料：面包1片，牛奶2大匙。

做法：

1 牛奶放入锅中，面包去边，撕成碎片放入牛奶中。

2 牛奶开后熄火，用勺子将面包搅碎即可。

营养功效：面包可以提供必需氨基酸，牛奶可以提供充足的蛋白质和钙，牛奶与面包搭配食用可为宝宝提高食物的营养价值，特别适合给宝宝早上或晚上食用。

喂食时间和喂食量：可在晚上18~19点喂食1次，一天喂1次，1次给宝宝做1个面包切成片，能吃几片给几片即可。

禁忌与注意：如果用奶粉冲泡的牛奶可不用煮，直接加入撕碎的面包，搅烂即可。

小笼包

材料：面粉500克，肉馅、葱末适量，盐少许。

做法：

1 将面粉发酵后调好碱，搓成一个一个小团子(大小以适合现在宝宝嘴形为宜)，做成圆皮备用。

2 将肉馅、葱末、盐调和均匀制成馅料。

3 面皮包上馅后，把口捏紧，然后上笼用急火蒸15分钟即可。

营养功效：小包子四季皆可食，味鲜口感佳，含丰富的蛋白质和多种维生素以及矿物质，对宝宝生长发育很有益。

喂食时间和喂食量：可在晚上18~19点喂食1次，量可按照宝宝的需求调整，刚刚一口大的包子，可以1次喂2个左右，不要太多。

禁忌与注意：如果发现宝宝有过敏体质的特点，如经常身上痒、长疙瘩，经常揉眼睛、流鼻涕、打喷嚏，特别是有家族过敏史的宝宝，包子里面应去掉容易致敏的虾肉和其他海鲜类食物。

小笼包中的汤水比较多，刚出锅时很烫，给宝宝吃的时候要小心，尽量凉到妈妈感觉不会烫嘴了再给宝宝吃。

断奶食物添加Q/A

♬ Q：蒸鸡蛋羹时，加些虾末、肉末、碎肝尖营养会不会更丰富？

A：不太好。

不少父母觉得在蒸鸡蛋羹时，加入很多虾末、肉末、碎肝尖等会让宝宝吃得更营养。出发点很好，但是做法有些过了，可以加一点，但最好一次只加一种。尤其是刚开始添加鸡蛋羹时，更不能做得太复杂，这样可能会导致宝宝一次性摄入过量的蛋白质，增加肾脏、肝脏、胃肠道的负担，反而不利宝宝的生长发育。

♬ Q：从断奶初期过渡到中期，宝宝会不会不适应食物的变化？

A：会有这样的情况，但只要注意好添加的方法，一般问题不大。

现实中不少宝宝在添加固体食物之前的辅食添加很顺利，很喜欢辅食初期的食物，像果汁、菜汁、稀粥、米汤这样的流质食物，但却拒绝半固体辅食，不能接受稠一点的粥，这主要是因为添加辅食太急，如果太快地喂吃固体食物或大块的东西，宝宝很容易反感，进而拒绝进食，一定要慢慢来，不能太着急，循序渐进地添加，给宝宝适应的时间。

♬ Q：用牛奶替代水来蒸鸡蛋羹会不会更有营养？

A：不能用牛奶代替水蒸鸡蛋羹。

蒸鸡蛋羹一般以水来调，有时为了给宝宝更好的营养，父母会觉得以其他更营养的液体来代替水会更好一些，这种想法很有意义，但在选取替代品时就要慎重了，比如牛奶就是不好代替水的，因为牛奶蒸后会浓缩，渗透压很高，对宝宝消化系统有损害，还可能增加小肠坏死概率。牛奶高温蒸煮后其所含维生素破坏比较严重，营养价值比起未蒸之前降低了很多。

♫ Q：宝宝总是玩弄食物而不吃，这种现象正常吗？

A：很正常，不必忧虑。

宝宝自己吃东西时可能会玩弄食物，这是宝宝以自己的方式探索食物特性的表现，这个时候千万不要因为担心弄脏衣服或造成其他麻烦而去阻止或压制他，往往通过这种方式的学习，宝宝可以学会自己吃东西，对将来养成良好的进食习惯非常重要。

♫ Q：如果宝宝还没有长牙，现阶段也要添加半固体食物吗？

A：是的。

无论现阶段宝宝是否已出牙，都应该逐渐开始喂给他半固体食物了，从稠粥、鸡蛋羹到各种肉泥、磨牙食品等都可以试着喂一喂。即使没长牙，不能嚼固体食物，但是宝宝也乐于用牙床咀嚼，很好地将食物咽下去。

一般多数宝宝到这个时候都不那么爱吃很烂的粥或面条了，大人要留意，及时地将食物变得稍硬一点，控制好火候，帮助宝宝顺利过渡，如果这个时候宝宝表现出想吃米饭的意思，也可以把米饭蒸得熟烂些试着喂一点点给他。

♫ Q：8个月的宝宝能喝酸奶吗？

A：这要看宝宝的身体情况来决定。

一般，平时体质较好、消化功能正常的宝宝，对蛋黄、水果、面包等食品比较适应的话，可以试探性地少量喂一点酸奶，若反应正常，可一天给少量；如果平时脾胃失和，消化功能较差，经常发生腹泻，则最好不要喂给酸奶，可以在1岁以后少量喂食。

特别提醒：不要给宝宝吃刚从冰箱里取出的酸奶。每次喂食酸奶的量，最多不要超过20毫升，每天1次就够。

♫ Q：宝宝便秘怎么吃才好？

A：可以多选用菠菜、卷心菜、萝卜、青菜、荠菜等含纤维多的食物制作辅食，最好将各种蔬菜做成碎菜随米粥一起喂给宝宝吃。也可以让宝宝吃些香蕉，短期内即能发挥润肠通便的作用。配合饮食的同时，还可以适当地按摩宝宝的肛门口，以引起生理反射，促进排便。

要注意的是，千万不要随意用药来通便，宝宝的胃肠道神经调节不健全，胃肠功能发育不完善，药物很容易导致胃肠功能紊乱，引起腹泻。

Q：宝宝8个月了，能以纯牛奶为主食吗？

A：可做辅食，但不可以直接做主食。

纯牛奶直接作为宝宝的主食并不合适，纯牛奶的蛋白质含量虽高于母乳和配方奶，但4/5为酪蛋白，必需氨基酸较少，形成的凝块较大，不饱和脂肪酸少，脂肪球大，不利于宝宝消化、吸收，且乳糖含量低，不能提供足够的热量。

母乳不足时，建议宝宝以专门的配方奶粉为主食，不宜直接喝纯牛奶，可在母乳和配方奶的基础上辅以少量的牛奶。

Q：宝宝的粥里面可以加一点酱油、大人吃的菜汤吗？

A：不可以。

不少父母发现宝宝对加了酱油、香油、菜汤、肉汤的米粥特别喜爱，于是给宝宝喂米粥时也都加上一些这样的东西，其实这样非常不好，当宝宝爱上吃这样的米粥时，他的味觉已经被人为地改变了，很容易影响到宝宝未来对于食物的正确感知，导致偏食、挑食的毛病。

大人吃的菜汤、肉汤里一般都有很高的盐分，酱油里盐分更多，宝宝盐摄入过量的直接后果就是加重肾脏负担。

Q：宝宝很喜欢吃辅食，不愿意喝奶，这对断奶有好处吗，需要纠正吗？

A：一般这种情况表示宝宝很健康，不需要纠正。

宝宝出现不爱喝奶的情况并非偶然，随着宝宝各项生理能力一天天健全，乳汁营养相对不足，又因为逐渐能从其他食物中获得更多的营养，宝宝大多会喜欢上吃辅食。

如果宝宝的体重增长在正常的波动范围内，又没有什么别的异常，说明宝宝能够从每天吃到的食物中获得足够的营养，就不用再勉强宝宝每天喝够一定的奶量。如果只是不爱喝配方奶，可以给宝宝喂一点牛奶试试看。

Q：母乳还很充足，也需要减掉2次奶吗？

A：是的。

即使这个阶段母乳还很充足，也应该逐渐实行半断奶，最少减掉2次奶，因为现在母乳中的营养成分不足，不能满足宝宝生长发育的需要。就算不完全断奶，这个时候也不宜再以母乳为主，一定要添加多种代乳食品。

♫ Q：宝宝8个月可以吃米饭了吗？

A：原则上有些早了，但可根据宝宝的实际情况作调整。

现在宝宝可以吃米糊、烂粥、蛋黄、菜泥、水果泥、烂面，添加干、硬些的食物，如烤馒头片、饼干等宝宝也可以接受了，虽然现在正是促进宝宝牙齿生长并锻炼咀嚼吞咽能力的时候，但还不到添加米饭的时候，以半固体食物为好，稍稠的粥和一些动物性食物都正是添加的时候，可以扩大添加的量和品种。

等到10~12个月时，大多数宝宝才具备吃软米饭的能力，因此千万不要太着急，一步一步慢慢来，先将稀粥变成稠粥，时机成熟时再换吃软米饭。其他食物也应如此。

♫ Q：宝宝能吃荤菜了，是不是也可以给点海鲜呢？

A：可以，但一定要注意宝宝是否属于过敏体质，最好去医院检测一下。

通常食物过敏的表现如下：

呼吸：流鼻涕、打喷嚏、喘、流泪、久咳不愈。

皮肤：脸红、起疹子、干燥、发痒、嘴唇红肿等。

肠道：腹泻、便秘、腹胀、呕吐等。

精神方面：烦躁、夜间睡眠不踏实、易怒、啼哭、焦虑等。

在现实生活中，有些宝宝体质过敏性非常明显，就连吃母乳也会引起过敏，这时大人一定要注意自己的饮食，少吃海鲜、鱼虾类食物，刺激性的食物也要少吃，最好不吃。

♫ Q：如果宝宝不爱吃粥，总是想吃大人的饭菜，应该给他吃吗？

A：可以适当地给一点。

但仍然要注意宝宝食品的特征，不要给予口味重、不易消化的菜。可以挑一些软烂的米饭给宝宝尝试一下，不要太多，看看宝宝是否会出现消化不良的现象，如若出现，则要停喂，消化良好的话可以多喂一些。

要注意，宝宝对大人食物有兴趣是好事，千万不要因害怕宝宝消化不良而打压和完全拒绝。

♫ Q：宝宝的大便呈现蔬菜的绿色正常吗？

A：这是正常的，不用紧张。

当宝宝的大便呈现蔬菜般的绿色时，往往表示宝宝已经能够充分咀嚼食物，并且消化得很好。

Q：宝宝突然之间对吃奶不感兴趣了，是表示断奶了吗？

A：不是，这种情况只是暂时性出现，日后还会恢复。

1岁以下的宝宝有时候会出现没有任何明显理由突然拒绝吃奶的情况，通常被称为"罢奶"或"生理性厌奶期"，往往与生长速度放慢，对营养物质的需求量减少有关，一般在宝宝已经吃了很多固体食物，身体已经适应通过母乳以外的食物摄取营养的情况下发生，这个过程大概会持续一周。这段时间过去后，随着运动量的增加，宝宝的需奶量又会恢复正常。

Q：宝宝长牙了，还有喝夜奶的习惯，有影响吗？

A：要改掉半夜喝奶的习惯。

宝宝7个月左右已经出牙，一般如果有良好的喂养习惯，宝宝已经可以整晚睡觉了，但若宝宝晚上醒来，一定不要再喂奶，以前有半夜喂奶习惯的也一定要及早改掉，晚上临睡前最好不要喂奶。半夜喝奶不利于口腔健康，很容易导致蛀牙，也不利于睡眠。

在第一颗牙齿萌出以后，就要为宝宝清洁牙齿，可以用纱布蘸水擦拭，晚上睡前擦一次即可，1岁后可以开始刷牙，但不建议用牙膏。

第一颗牙齿萌出到1岁之间，尽量让宝宝看一次牙医，可能的话，每隔3个月看一次，并及早预防和发现龋齿。

Q：8个月的宝宝能吃调味品了吗，具体有哪几种呢？

A：可以适当加一些调味品了，具体有：

第一种调味品就是食盐。第二种则是食用油，最好是植物油，宝宝的辅食中经常会用到少许的香油，以增香。此外，还可以吃一些沙拉酱、番茄酱、果汁和各种自己炖的鸡、鱼、肉汤。这些东西味道鲜美，可以丰富宝宝的味觉体验。

但是，很多大人们平时做菜用的调味料，像味精、糖精、辣椒粉、咖喱粉等还是不适合宝宝吃的，千万不要加到宝宝的食物中去。

Q：宝宝已经可以吃不少食物了，能和大人一起吃吗？

A：可以在饭点一起坐在餐桌旁吃，但是食物还是不一样的。宝宝吃的食物要与大人的分开来专门做，各种食物都要比大人的软烂些，颗粒小一些，口感细腻一些，而且要保证容易消化。

Part 5

8~10个月，断奶后期

8~10个月宝宝一日饮食安排

8~9个月宝宝一日饮食安排

主要食物	母乳或配方奶、稠粥、菜泥、蒸蛋、面片		
辅助食物	温开水、香蕉、豆腐脑、面条、点心、鱼肝油(维生素A、维生素D比例为3∶1)、钙片		
餐次	喂奶每日3次，每次喂15分钟左右，喂流质辅食2次		
哺喂时间	上午	6时喂奶	
		10时可交替喂稠粥、菜泥	
	下午	14时喂奶	
		18时可交替喂食蒸蛋、面片	
	夜间	22时喂奶	
备注	每餐之间喂服温开水，原来的果汁可由少量鲜香蕉代替，还可加喂面条、点心，注意点心不要给糖和巧克力 鱼肝油每天1~3次，每次1~2滴，一天不超过5滴 钙片每天3次，每次1~2片，或遵医嘱		

♪ 9~10个月宝宝一日饮食安排

现在可以给宝宝断奶了，白天应逐渐停止喂母乳，让宝宝进食更丰富的食品，但不是一次性地断掉，而应该逐步进行，通过增加哺喂辅食的次数和数量，减少喂奶的次数，在1~2个月的时间内渐渐断掉，一定要耐心加喂辅食，以期按时顺利断奶。

这个阶段可增加软饭、肉(以瘦肉为主)，也可在粥或面条中加肉末、鱼、蛋、碎菜、土豆、胡萝卜等，量应该比上个月增加。给宝宝的米饭应多用蒸煮的方法。

此期为断奶后期，宝宝一日三餐已初步形成规律，可以灵活地安排饮食，注重调节、搭配，但不要喂调味浓或油分重的食物。

主要食物		母乳或配方奶、稠粥、菜泥、蒸蛋、蛋糕、馒头、面包、菜肉粥、清蒸鱼肉
辅助食物		温开水、水果、鱼肝油(维生素A、维生素D，比例为3:1)、钙片
餐次		喂奶每日2次，每次喂10分钟左右，喂辅食3次
哺喂时间	上午	6时喂奶
		10时可交替喂稠粥、菜泥、蒸蛋
	下午	14时可交替喂蛋糕、馒头、面包
		18时可交替喂菜肉粥、清蒸鱼肉
	夜间	22时喂奶
备注		每餐之间喂服温开水，从这个月起，宝宝可直接喂食水果 由于吃奶少，有的宝宝拒不吃辅食，要吃奶，这时要作好坚持断奶的心理准备，半夜里不要喂奶，一般哭闹几天就好了 鱼肝油每天1~3次，每次1~2滴，一天5~6滴 钙片每天3次，每次1~2片，或遵医嘱

断奶后期怎么喂

🎵 可吃的食物更多，可以断母乳了

8~12个月是断奶的最佳时期，母乳充足的话，本月可不必完全断奶，但不能再以母乳为主，喂奶次数应减少至2~3次，每天哺乳400~600毫升就足够了，一定要逐渐增加辅食。

可以增加一些粗纤维的食物，如茎秆类蔬菜，给宝宝做的蔬菜品种应多样。苹果、梨、水蜜桃等水果可以切成薄片，让宝宝拿着吃了，香蕉、葡萄、橘子可整个让宝宝拿着吃。蔬菜和水果两类食物不可偏废，不要只吃口感好的水果而不吃蔬菜，蔬菜有促进食物中蛋白质吸收的独特优势。

这个月龄的宝宝要注意面粉类食物的添加，其中所含的营养成分主要为碳水化合物，为宝宝提供每天活动与生长所需的热量，另外还有一定含量的蛋白质，促进宝宝身体组织的生长。但是，体重超过10千克的宝宝要少给一点面粉类食物及点心，以免加重宝宝发胖的趋势。

这个月的哺喂原则与上个月大致相同：喂奶量继续减少，辅食逐渐增加，争取定时进餐。

如果辅食添加顺利，9~10个月时宝宝一般可以完全断奶了。

这个阶段的宝宝几乎都能吃辅食，且开始喜欢吃辅食，能很容易地吞咽食物，长出了不少牙齿，大部分宝宝的吐舌反射和干呕反应已经彻底消失了。经过训练，宝宝吃饭的技巧日渐娴熟，现阶段可能就会用勺子自己吃饭了，尽管动作不太熟练，但到第10个月结束时，有的宝宝就能将勺子送进嘴里去了。现阶段，宝宝会很喜欢和大人一起进餐，吃饭是令他非常高兴的事情，如果不让上餐桌，闻到菜香味时宝宝就会不高兴，很着急，表现出想到餐桌旁的意思。

宝宝进食能力的进步意味着吃半流质食物和非常柔软食物的时期已经过去了，应适时趁着宝宝喜爱吃辅食的机会断乳，等到下

个阶段，辅食应该成为宝宝营养的重要来源。本阶段应着重训练宝宝自己吃饭，且作好完全断奶的准备，给宝宝喂饭时，应帮助和鼓励他自己握着勺子进食，培养宝宝对食物的好感，帮助宝宝习惯辅食，养成与大人一同用餐的习惯。

母乳喂养的宝宝在以辅食代替喂奶时会遇到更多的困难，不少宝宝总是恋着妈妈的奶，这个时候宝宝往往不是因为饿才吃母乳，对宝宝来说，吃母乳多是一种撒娇的表现。这时必须掌握好喂母乳的时间，逐步减少到早晨起来喂1次，同时增加辅食的量，将食物做得更具有吸引力一些，转移宝宝的注意力。如果现在还继续用母乳喂宝宝，可能会使得宝宝各方面的营养跟不上，食欲也不好，养成依恋母乳的习惯，拒绝喝其他的奶品。

♫ 为宝宝搭配更丰富的辅食新花样

9~10个月的宝宝咀嚼、吞咽功能都增强了，吃辅食的量比以前多了起来，且能吃的辅食种类更多了，除了柔软的食物，也能吃一些固体食物了。

不过由于宝宝消化功能始终不能跟成人相比，现在还不宜给宝宝进食太多固体食品，最好的方法是在已有辅食的基础上增添新品种，首选质地软、易消化的食物，同时逐渐将食物形态由流质、半流质改为半固体、固体。

现阶段宝宝的饮食可包括乳制品、谷类、各种蔬果、肉类等，每日菜谱尽量做到多轮换、多翻新，特别要注意荤素搭配，避免餐餐相同，主食除粥外可增加吃面条、鲜软馒头的次数，可更替进食。进餐次数可每日5次，除早、中、晚餐外，另外上午和午睡后还加1次点心，食欲好的宝宝也可以每天喂给4餐。

此外，烹调技术及方法在影响宝宝的饮食习惯及食欲上起到了一定程度的作用，若食物色、香、味俱全，宝宝食欲会因此而增加，食物摄入量也更大，可以促进宝宝的消化及吸收功能。在注意色、香、味的同时还要注意宝宝饮食不宜太咸，要清淡而有味。烹调时可将食物切碎、烧烂，可用煮、炖、烧、蒸等方法，但不宜油炸及使用刺激性配料。

每餐食量中早餐应多些，宝宝早晨醒后食欲最好，能吃下较多的食物，午饭量与大人一样应是全日最多的，晚餐则应清淡些，以利睡眠。不过要注意必须先喂辅食，后喂母乳，以利于断奶顺利进行。

♫ 适当增加食物的硬度，磨磨小牙

9~10个月的宝宝能用小手拿食物，虽然要到18~24个月时才会嚼东西磨牙，但宝宝现在使用牙龈"咀嚼"的效果却十分好，会觉得啃稍硬一些的食物很放松，这时可喂些烤馒头片、饼干、脆面包片、去皮的苹果片以及稍微煮过的胡萝卜条，以促进牙齿生长，锻炼咀嚼能力，但要注意给那些用牙龈咀嚼后一定能磨碎的食物，同时还要注意补充富含铁的食物。

宝宝的食物形态这个阶段还可以进一步改变，可以适当增加原有食物的硬度，添加一些较硬的食物（如碎菜叶、面条、肉末等）。9个月的宝宝大部分已经长出3~4颗小牙，有一定的咀嚼能力，可以喂给一些硬一点的东西（如软面包或脆饼干），训练宝宝的咀嚼能力，这样到第10个月结束时，有的宝宝甚至可以尝试着吃与大人饭菜软硬程度差不多的食物。

9~10个月的宝宝可以增加一些土豆、白薯等含糖较多的根茎类食物，增加一些粗纤维的食物（如豆类及绿叶蔬菜），但鉴于宝宝消化能力有限，消化系统还不是很完善，应注意把较粗较老的部分去掉，喂食鱼肉时一定要把鱼刺剔除干净，选择质地软、易消化、富有营养的食品。

另外，要注意现在是宝宝的出牙阶段，构成牙釉质、促进牙齿钙化、增强牙齿骨质密度是宝宝目前牙齿的重要活动，而这些活动的顺利进行不可缺少维生素A、维生素D、维生素C等重要营养素；此外，蛋白质、钙、磷是牙齿的基础材料，因此乳类、排骨汤、菜汁、果汁仍然是必要的辅助食物，在主食之间可以适当喂几次给宝宝。

各类食物硬度的变化可以参考以下变化过程：

米粥类：稀粥—稠粥—软饭。
面食类：烂面—挂面—面包、馒头。
肉类：肉末—碎肉。
蔬菜类：菜泥—碎菜。

♪ 8~10个月宝宝食物添加提示

　　宝宝现阶段的饮食基本可以固定为早、中、晚三餐，断奶后宝宝每日需要热量较以前稍多，可进食4~5餐，分早、中、晚餐及午前点、午后点。和大人一样，现阶段宝宝的早餐要保证质量，午餐要保证足量，晚餐宜清淡些，如早餐可供应牛奶或豆浆、鸡蛋、小包子；中餐可为烂饭、鱼肉、青菜、鸡蛋汤等；晚餐可进食碎菜面；点心可给些水果，如香蕉、苹果片等。

　　现在可以让宝宝多接触稍带颗粒状或切成块状的食物，如一小勺煮熟柔软的豆类(如蚕豆、扁豆)、味道清淡的肉片(鱼肉、禽肉或猪肉均可)、软米饭等。在制作食物时可以参考的两个原则是：

1 从全粥渐渐升级到软饭：先给保留有少许米粒形状的全粥，然后慢慢减少煮粥的水分含量，最后做成煮得软软的白饭。

2 设法让食物更容易入口：纤维多的食物应取较细嫩的部分，横向及纵向切断，仔细切成容易入口的形状。

　　虽然9~10个月的宝宝消化能力已有一定基础，但要遵循循序渐进的方法添加辅食，从少到多，由稀到稠，从细到粗，习惯一种再加另一种，添加新食物要在宝宝消化功能正常时，待适应且没有不良反应后，再增加另外一种，若出现不良反应要暂停两天，恢复健康后再进行。

　　和以往一样，现在给宝宝更多食物也要考虑到让宝宝逐渐感受到各种食物的本来味道，前后两餐辅食的内容最好不一样，可以多尝试一些肉类与蔬菜类混合的食物。

　　不过，宝宝即使断奶了，也不能全以谷物类或面食类食物为辅食，也不可能与大人吃同样的饭菜。一般来说，若宝宝断奶了，主食可给予稠粥、烂饭、面条、馄饨、包子等，副食可包括鱼、瘦肉、肝、蛋、虾皮、豆制品及各种蔬菜，具体添加量可参考下表：

食物种类	食材	每日需要量
主食	大米、面粉	约100克，随月龄的增长而逐渐增加
豆制品	以豆腐和豆干为主	25克左右
蛋类	鸡蛋	1个，蒸、炖、煮、炒都可以
肉类	猪肉、鱼肉、动物肝等	50~75克，逐渐增加到100克
代乳饮品	豆浆、牛奶	500毫升，1岁以后可减半
蔬果	当季蔬果	可根据具体情况适当供给

♫ 8~10个月宝宝喂养小技巧

现阶段宝宝的喂养要注意以下几点：

1 如果宝宝吃辅食很顺利，可再少喂1次奶或考虑开始断奶。

母乳充足时，除了早上起床后喂1次奶外，白天应该逐渐停止喂奶，如果白天停喂母乳较困难，宝宝不肯吃代乳食品，此时有必要完全断掉母乳。

不要减少牛奶的摄入量，此时牛奶应保证每天500毫升左右，如果减少牛奶的摄入量，宝宝的体重将会少增加或完全不增加，无论添加什么辅食，1周岁以内的宝宝每天吃的牛奶最好不要少于500毫升。

通过适当增加辅食的量和种类来帮助断奶，可以添加软饭、肉（以瘦肉为主），也可在稀饭或面条中加肉末、鱼、蛋、碎菜、土豆、胡萝卜等，最少也要比上个月有所增加。

2 尽量给宝宝创造练习咀嚼的机会。

练习咀嚼有利于宝宝胃肠功能发育，有助于出牙，还有利于面部骨骼、肌肉的发育，大人要耐心教宝宝正确的咀嚼方式，可以坐在宝宝对面，吸引宝宝的注意力，然后慢慢示范给宝宝看。

喂食后可增加一些点心，比如在早、午饭中间增加饼干、烤馒头片等固体食物，或一些酥软的手指状食物，让宝宝磨牙，以锻炼咀嚼和抓握感。

3 补充水果。

此月龄的宝宝已经能自己将有些水果整个拿在手里吃了，但要注意吃前一定要将水果和宝宝的手洗干净，水果生吃一定要削皮，有核的要去核，有籽的则应去籽，再给宝宝用手拿着吃，一天一个即可。

本阶段喂养需要遵循的几个原则有：

1 符合目的性。宝宝的喂养上，无论怎样改变花样以及宝宝有怎样的表现，最主要的一点是抓住一个目标重点参照。一般来说，宝宝喂养要保证正常的生长发育，体重、身高、头围、肌肉、骨骼、皮肤等要保持在正常指标范围内，只要宝宝各项发育在正常范围内，就表示现阶段的喂养方式及方法是合适的。

2 尊重宝宝的个性。在保证宝宝正常生长发育的前提下，要尊重宝宝的个性和好恶，让宝宝快乐进食，不要强逼，若宝宝对添加的某种食物做出古怪表情时，可以耐心些，多给宝宝尝试几次，即使再抵触的食物，接触10次以上后，宝宝也能慢慢接受。

3 注意营养均衡。营养均衡非常重要，当主要营养来源逐渐从母乳转移至食物后更要注意，每一餐都需供应丰富的脂肪、蛋白质和维生素，蔬菜的品种应该多样化一些，并注意蛋白质、淀粉、维生素、油脂等营养物质间的均衡。

平时要尽量让宝宝接触多种口味的食物，这样宝宝日后才更愿意接受新的食物，不至于造成营养失衡。

宝宝饮食有个性，要区别对待

一天能和大人一起吃三餐的宝宝多了起来，但是同样大的宝宝，即使辅食添加都很顺利，现阶段的饮食上也会有很大的差别，个性化特征相当明显。

在饭菜上，有的宝宝能吃一小碗米饭，有的能吃半碗，而有的就只吃几小勺，更少的吃1~2勺。有的宝宝比较爱吃菜，有的不爱吃菜，即使喂了也要用舌头抵出来；特别不爱吃菜的宝宝甚至拒绝吃夹杂了菜叶的粥、面条、肉馅或丸子。有的宝宝很爱吃肉，有的爱吃鱼。有的宝宝还是不吃固体食物，有的则不再爱吃半流质食物，而酷爱固体食物。

在吃水果时，有的宝宝能抱着整个苹果啃，不会噎着也不卡；而有的宝宝吃水果都得用勺子刮着吃，不刮也要捣碎了才肯吃，不过一定需要将水果挤成果汁才肯吃的宝宝几乎没有了。

所有这些差异都是宝宝的正常表现，每个宝宝的饮食习惯都会有些个性化差异，但并不表示就不好，大人在喂食时还是应该按照宝宝的实际表现来调整饮食。

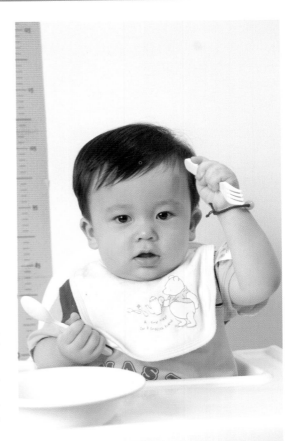

✎ 8~10个月宝宝可添加的食物

奶制品：主要有配方奶、牛奶、奶糕等，从满足宝宝的营养需求角度看，一般来说，配方奶添加了各种强化营养素，是母乳的最佳替代品。

主食类：主要是淀粉及糊类食品，本阶段仍然以米粉、麦粉、米糊、粥、面食等为主，提供能量并锻炼宝宝的吞咽能力。粥一般加肉、蛋、蔬菜等熬制；面食除面条外，面包、小块的馒头仍然是锻炼宝宝咀嚼能力的良好方法。

肉蛋鱼类：鸡肉、猪肉、牛肉、鱼、虾、肝、血等用得多，蛋类除鸡蛋外还可增加其他蛋类的使用频率，比如鸭蛋、鹌鹑蛋等，但是量不必增多，一天最多1个。

蔬果和豆制品：本阶段仍然要谨慎避免葱、蒜、姜、香菜、洋葱等味道刺激的蔬菜，豆制品中的豆腐和豆干是最常见的宝宝食材。

汤汁类：可以继续制作各种果汁和菜汁，一些菜汤、鱼汤、肉汤也可喂给宝宝，可以用高汤代替白开水来制作辅食了。

磨牙食物：可以买磨牙饼干，也可自烤馒头片、面包干。

鱼松和肉松：市售的鱼松和肉松其实不太适合宝宝吃，但可以偶尔作为调料使用，也可以自己制作一款符合宝宝胃口的鱼松或肉松。

8~10个月宝宝断奶美食链接

♪ 小片固体软食是适合8~10个月宝宝吃的断奶美食

　　9个月以后，宝宝一般都有比较好的咀嚼能力，较以往稍硬一些的食物也能嚼得动，各种肉类只要切碎煮烂就可以吃，消化能力也比以前增强了，如果宝宝不贪恋母乳，基本上就可以断奶了。因此要注意增加主食的摄入，加大辅食的量和次数，以补足能量和营养。

　　现在可以给宝宝增加一些粗纤维的食物，像茎秆类蔬菜，但要把较老的部分去掉，还可增加动物内脏的食用次数，增加点心的品种，如蛋糕、布丁、小馒头、小饼干、小面包等，宝宝到现在一般可以吃一点饭了，也可以将米饭做得软烂些，并注意烹调方式，使食物色、香、味俱全，让宝宝开始适应吃米饭，并提高食欲。

　　现阶段宝宝的食物以小片固体软食为主，可以适当加大面食类食物的品种和量，除面条外，还应包括馒头、面包、馄饨、饺子、疙瘩汤等，面条可以不必折成小段，直接下锅煮熟就可以了。水果可以不必切成小块，直接切成片状让宝宝拿着吃。另外如果不过敏的话，可以给宝宝增加更多的海鲜品种，如虾、黄鱼等。

豆腐蒸蛋

材料：嫩豆腐200克，鲜虾仁100克，鸡蛋3个，葱姜水、水淀粉、盐、香油各适量。

做法：

1 豆腐切丁，余烫后捞出，沥干；鸡蛋打入碗中，加入盐、水淀粉、葱姜水、豆腐丁打匀。

2 虾仁放入小碗中，加少许盐略腌，整齐地摆放在豆腐鸡蛋液上。

3 将盛豆腐的大碗放入蒸笼中，中小火蒸15分钟，取出淋入香油即可。

营养功效：脆嫩清香，味道鲜美，可清火平热，且富含人体必需的几乎所有的营养物质，尤其是蛋白质都是优质蛋白，容易被宝宝吸收利用。

喂食时间和喂食量：可在上午10点左右喂食1次，每次可喂2~3大匙，按宝宝的食量决定，不要勉强，每天1次。

禁忌与注意：豆腐适合与鱼类、蛋类同做，营养价值更高，与蔬菜类同做就要搭配一些含钙丰富的食物，比如虾米、紫菜类，也可以加一点豆豉油，这样味道会更鲜美。

清炒猪血

材料：猪血200克，姜、蒜各适量，料酒、盐各1小匙。

做法：

1 将猪血清洗干净，切成大块备用；姜、蒜洗净切成丝备用。

2 将锅置于火上，加入适量清水烧沸，放入猪血块余烫片刻，捞出沥干水分，改切成小块。

3 锅内加入植物油烧至七成热，倒入猪血，加入料酒、姜、盐，翻炒均匀，起锅前加蒜拌匀即可。

营养功效：动物血不仅能提供优质蛋白质，而且还含有利用率较高的血红素铁质，能够帮助宝宝快速补铁，预防缺铁性贫血，对宝宝的生长发育很有帮助。猪血中所含有的微量元素可以帮助宝宝提高身体的免疫力。

喂食时间和喂食量：可在下午18点左右喂食1次，每次喂半碗（约100毫升）即可，每天1次。

禁忌与注意：最好不要隔夜食用。猪血买回后要注意保证完整，不要让凝块破碎，除去黏附着的杂质后放在开水里余一下最好。

三鲜豆腐

材料：豆腐、蘑菇各50克，胡萝卜、油菜各40克，姜、葱各少许，海米10克，水淀粉、高汤各适量，酱油、盐少许。

做法：

1. 将海米用温水泡发，洗干净泥沙；豆腐洗净切片，投入沸水中氽烫一下捞出，沥干水备用。

2. 将蘑菇洗净，放到开水锅里焯一下，捞出来切片；胡萝卜洗净切片；油菜洗净，沥干水；葱切丝；姜切末。

3. 锅内加花生油烧热，下入海米、葱、姜、胡萝卜煸炒出香味，加入酱油、盐、蘑菇，翻炒几下，加入高汤。

4. 放入豆腐，烧开，加油菜，烧沸后用淀粉勾芡即可。

营养功效：豆腐和海米都是含钙丰富的食物，胡萝卜、油菜则可以为宝宝补充丰富的维生素。豆腐中的植物蛋白和海米中的动物蛋白搭配，能够提高两者的吸收利用率。这道菜可以为宝宝补充蛋白质及钙、锌等营养素，有利于宝宝的生长发育。

喂食时间和喂食量：可在上午10点左右喂食1次，每次喂大半碗（约150毫升）即可，每天1次。

禁忌与注意：豆腐所含的大豆蛋白虽然丰富，但毕竟是植物蛋白，因此并不全面，单独食用豆腐的话，蛋白质的利用率较低，而把鸡蛋、鱼、肉等富含动物蛋白的食物搭配在一起则可以大大提高利用率，增加营养价值。

豆腐不宜保存，应当天买当天吃，不要吃隔夜的豆腐。

虾肉菜饼

材料：面粉100克，虾肉50克，猪瘦肉50克，大白菜100克，盐、葱姜水、花椒水、香油各适量。

做法：

1. 面粉用少量开水烫一下，放凉，加适量温水和成面团待用。

2. 猪肉和虾肉一起剁成泥，放入盐、葱姜水、花椒水、香油拌匀；大白菜洗净，切碎，放入肉泥中拌匀成馅。

3. 面团揉匀，擀成薄片，包入准备好的馅料，收口，用手按扁，放入平底锅烙，边烙边放油，烙至金黄色，加入适量清水焖一焖，熟透即可。

营养功效：此饼口味鲜美、营养丰富，含多种维生素和微量元素，能促进宝宝的生长发育，让宝宝身体更强壮。

喂食时间和喂食量：可在上午10点左右喂食1次，每次喂半个即可，每天1次。

禁忌与注意：虾的营养成分丰富，但却缺乏多种维生素，因此需要搭配蔬菜来补充所缺的营养。

容易过敏的宝宝，如食用后有鼻炎、反复发作性皮炎等疾病，应少吃或不吃这道辅食，其他含有虾类的辅食也应格外留心。

牛肉软饭

材料：牛肉50克，大米50克，白萝卜半个。

做法：

1 牛肉洗净，切碎；白萝卜洗净，切小块，再放入开水中焯透。

2 大米淘洗干净，放水煮成软米饭。

3 牛肉入开水中焯烫，换水煮至熟，放入白萝卜炖至牛肉软烂，将牛肉盖在软饭上即可。

营养功效：大米富含宝宝生长发育所需的8种必需氨基酸，以及供生长发育及日常活动所需的热量，牛肉里含有大量的铁，能为宝宝补充足够的营养。

喂食时间和喂食量：可在下午16点左右喂食1次，每次喂半碗(约100毫克) 即可，每天1次。

禁忌与注意：给宝宝做的牛肉要煮得久一点，煮到软烂为止，炖的时候不需要加太多调料，可以放少许生姜去除腥味。

鸡肉粥

材料：粳米50克，鸡胸肉20克，盐适量。

做法：

1 粳米洗净，浸泡30分钟；鸡胸肉氽烫后切块。

2 锅中加水，放入鸡胸肉和粳米。

3 大火煮沸后，转小火熬至粥稠肉烂，加盐调味即可。

营养功效：此粥味道鲜美，营养丰富，具有高蛋白、低脂肪、多糖、多氨基酸和多维生素的营养特点，是有利于增强大脑记忆力的美食，有很好的补脑功效，对宝宝身体发育非常有益。

喂食时间和喂食量：可在下午18点左右喂食1次，每次喂半碗（约100毫升）即可，每天1次。

禁忌与注意：鸡肉也可以先炒至入味再放入锅内，这样更容易炒软，如果宝宝还不太适应肉类辅食，更要将肉类做得软烂一些。

金银蛋饺

材料：鸡蛋2个，瘦肉、肥肉各适量，葱、姜末各少许，盐、水淀粉各少许。

做法：

1 将鸡蛋磕破，把蛋清、蛋黄分别打入两只碗内，每碗加入水淀粉、精盐，用筷子打散搅匀。

2 肉洗净，剁成肉末，加盐，葱、姜末调成馅。

3 将炒菜勺在火上烧热，用小匙取蛋清一匙，倒入手勺内，摊成小圆蛋皮，加上肉馅成蛋饺，同样用蛋黄也做相同数量的蛋饺。

4 二色蛋饺各放碗内一边，蒸上10分钟取出即成。

营养功效：鸡蛋蛋黄中含丰富的矿物质和多种维生素，铁和钙尤其丰富，对促进宝宝大脑和神经系统的发育、强壮体质及促进骨骼发育都有很大的好处，与肉类食用一起能对宝宝的健康成长起到很好的作用。

喂食时间和喂食量：可在下午14点左右喂食1次，每次喂半碗（四五个）即可，每天1次。

禁忌与注意：鸡蛋在使用前最好先把蛋壳洗干净，以免蛋壳上的细菌污染食物。鸡蛋煮得时间太长时，蛋黄表面往往会形成一层灰绿色的物质，那是硫化亚铁，很难被人体吸收，这时不要再给宝宝吃。

摊蛋皮要用铁勺摊，不能用铝勺摊，铝受热太快，容易煳，蛋皮摊好后立刻加馅包蛋饺，蛋凉了，就包不成蛋饺了，摊皮时在勺子底部用葱抹点油，以防止粘底。

玲珑馒头

材料：面粉适量，发酵粉少许，配方奶1大匙。

做法：

1 将面粉、发酵粉、配方奶混合在一起揉匀，放入冰箱，15分钟取出。

2 将面团切成3份，揉成小馒头。

3 将小馒头放入上汽的笼屉蒸15分钟即可。

营养功效：此玲珑馒头主要营养物质是碳水化合物，此外还含有一定量的其他各种营养素，有养心益肾、健脾厚肠、除热止渴的功效。小麦含有丰富的维生素E，还含钙、磷、铁及帮助消化的淀粉酶、麦芽糖酶等，宝宝可常食。

喂食时间和喂食量：可在上午10点左右(也可在每顿辅食前后)喂食1次，每次可给1个馒头，每天2~3次即可。

禁忌与注意：给宝宝吃的面粉应该闻起来有一股小麦的清香，如果闻到霉味，说明面粉已经过期，或者磨成面粉时已发霉，千万不要使用这样的面粉为宝宝制作辅食。

经常可以看到市售的面粉颜色雪白或灰白，这是因为添加了大量增白剂的原因，也是不适合作为宝宝食材的。

鲜虾冬瓜燕麦粥

材料：虾仁20克，冬瓜20克，燕麦片50克，料酒、盐各少许。

做法：

1 将虾仁洗净，剁成茸；冬瓜洗净，切成丁。

2 炒锅置火上，放油烧热，倒入虾茸和冬瓜略翻炒一下，用少许料酒去腥。

3 加入一杯水和燕麦片，煮开后转中火煮约1分半钟，加盐调味即可。

营养功效：冬瓜含钾和维生素C非常丰富，不含脂肪，燕麦除了含有丰富的蛋白质、维生素和微量元素，还含有人体必需的8种氨基酸，是宝宝很好的营养食品。妈妈将此粥配以100毫升牛奶和一个水果(约100克)便可以成为一份营养均衡的早餐。

喂食时间和喂食量：可在下午14点左右喂食1次，每次喂半碗(约100毫升)即可，每天1次。

禁忌与注意：过敏体质的宝宝在添加的时候要谨慎，从少量开始，并密切观察有没有过敏反应。

烹饪燕麦片时，要避免长时间高温熬煮，以防止维生素被破坏，燕麦片煮得时间越长，营养损失就越大。将冷藏的鲜牛奶直接冲入刚煮好的燕麦粥中，既能降低粥的温度，又能够使口感更滑爽。

双色豆腐

材料：内酯豆腐1盒，猪血豆腐1盒，胡萝卜1根，葱花少许，鸡汤适量，水淀粉各少许。

做法：

1 内酯豆腐和猪血豆腐分别取1/3盒，切成方块，放入沸水中，再煮沸后捞出码在盘子里。

2 炒锅里放入鸡汤，再放入葱花和胡萝卜碎，煮开后加水淀粉兑成芡汁，将芡汁淋到豆腐上即可。

营养功效：这道菜含有丰富的营养，能刺激胃液分泌和肠道蠕动，增加食物与消化液的接触面积，能促进消化和吸收，有利于宝宝代谢和排出废物，保持身体健康。

喂食时间和喂食量：可在下午14点左右喂食1次，每次喂半碗即可，每天1次。

禁忌与注意：最好不要隔夜食用。猪血单独作为食物给宝宝吃不能太频繁，和大米一起煮粥，或与蔬菜煮汤、与豆腐搭配等都不错。

果汁豆腐

材料：西瓜1块，南豆腐（内酯豆腐）1小块。

做法：

1 西瓜取瓤去子，用榨汁机榨汁。

2 豆腐放开水中煮2分钟，捞出捣碎，放西瓜汁中搅拌均匀即可。

营养功效：豆腐含丰富的蛋白质、钙质及B族维生素，可提供宝宝所需的氨基酸进行组织修补、生长，加上西瓜汁酸甜可口，很适合宝宝的口味。

喂食时间和喂食量：可在下午6点左右喂食1次，喂食量依照宝宝的喜好即可，不要勉强宝宝全部吃完。

禁忌与注意：由于豆腐不易保存，所以一次食用完毕后不可再在下一次喂食，更不可隔夜食用。

内酯豆腐可以直接喂食给宝宝，但如果选择传统豆腐，一定要先用热水汆烫后再给宝宝吃。

番茄鳜鱼泥

材料：番茄1个，鳜鱼100克，葱花、姜末各适量，盐、白糖各适量。

做法：

1 番茄洗净，切块；鳜鱼洗净，去除内脏、骨刺，剁成鱼泥。

2 锅置火上，放入适量植物油，烧热后下葱花、姜末爆香，再放入番茄煸炒片刻。

3 放入适量清水煮沸后，加入鳜鱼泥一起炖，加盐、白糖和少许葱花、姜末调味即可。

营养功效：鳜鱼少刺，适合用来做泥，且富含铁、蛋白质、维生素等重要营养素；番茄可以为宝宝提供丰富的维生素，尤其是维生素C，两种食材互相搭配，可带来更高更全面的营养价值。

喂食时间和喂食量：可在下午18点左右喂食1次，每次喂半碗即可，每天1次。

禁忌与注意：番茄性凉，具有滑肠作用，如果宝宝正处于患急性肠炎或其他腹泻疾病时期，最好不吃或少吃，否则会加重症状，增加治疗的困难。

红枣葡萄干土豆泥

材料：土豆1个，葡萄干少量，红枣5颗，白糖适量。

做法：

1 将葡萄干用温水泡软，切碎；红枣煮熟去皮、去核，剁成泥。

2 土豆洗净，蒸熟去皮，趁热做成土豆泥。

3 将炒锅置火上，加水少许，放入土豆泥、红枣泥、葡萄干、白糖，用小火煮熟即可。

营养功效：这款食品富含淀粉及维生素C，是给宝宝补血及提供能量的佳品。

喂食时间和喂食量：可在下午14点左右(也可在白天任一餐前后)喂食，一天1次，按照宝宝的具体食量，一勺一勺地给，能吃多少便给多少即可。

禁忌与注意：给宝宝吃的土豆一定要削皮，因为土豆皮中含有配糖生物碱，是有毒物质，吃得略多便会使宝宝中毒。切好的土豆用清水泡一下可去掉多余的淀粉，但不要久泡，以免维生素流失。

薏米布丁

材料：薏米100克，鸡蛋1个，果冻粉2克，配方奶150毫升，白糖少许。

做法：

1 薏米浸泡5个小时，放入炖锅煮40分钟，捞出薏米沥干，留汤备用。

2 果冻粉加入配方奶中拌匀，入锅以小火加热，至果冻粉完全溶解过滤，倒入模型中，做成布丁。

3 待薏米汤温度降至40℃，加入鸡蛋和白糖，用筷子顺时针方向搅拌均匀，加入布丁和薏米。

4 将打匀的布丁液倒入碗中，盖上一层保鲜膜，放入蒸锅中蒸15分钟即可。

营养功效：薏米是食补佳品，具有健脾祛湿的作用，奶粉中含有丰富的钙质，此时期的宝宝仍然很需要，在辅食中添加一些配方奶粉，不仅可以增添美味，还能增加营养价值。

喂食时间和喂食量：可在下午14点(或任两次喂食之间)喂食1次，喂给的量根据宝宝的需求调整即可。

禁忌与注意：模型不可太大，要保证宝宝能吃得下，最好是为宝宝一口大小的1/3，最大也不要超过1/2。

薏米所含糖类黏性较高，所以宝宝一次不宜吃得太多，否则会妨碍消化。

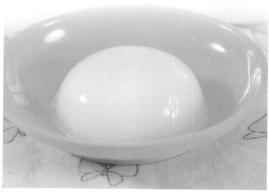

肉末面片汤

材料：面粉200克，猪肉末、青菜各50克，鸡蛋1个，葱花、姜末各适量，酱油少许。

做法：

1. 凉水与面粉比例1:3，用筷子搅拌成面疙瘩，然后揉成团，再擀成薄片后切成块。

2. 起锅热油，下葱、姜炝锅，下肉末煸炒片刻，加水、酱油烧开。

3. 下面片、青菜末，待汤液再煮开时淋入蛋液，待蛋液煮熟即可。

营养功效：此面片汤柔滑软嫩，味美色鲜，含有大量的蛋白质、碳水化合物、胡萝卜素和铁质，还能提供充足的钾，可增强宝宝抵抗力，促进宝宝食欲，是一份营养价值很高的辅食。

喂食时间和喂食量：可在上午10点左右(也可在下午14点、18点左右或根据实际情况调整)喂食，1天1次，1次喝半碗到1碗(约150毫升)即可。

禁忌与注意：搭配面片的青菜可以随季节而变换，妈妈要注意的是，菠菜是一种季节性很强的食物，从秋末到春末，近半年的时间均有菠菜上市，可以在冬天多给宝宝吃些菠菜，但是夏天以及早秋的菠菜则品质不佳，且非当季食物，最好少给宝宝吃。

缤纷蔬菜汤

材料：西蓝花、菜花、番茄各100克，红甜椒1个，胡萝卜50克，香菇2个，奶油100毫升，面粉1大匙，高汤1碗，葱花适量，盐适量。

做法：

1. 所有材料洗净，切成合适大小；奶油加100毫升开水混合。

2. 炒锅加热，倒入奶油，加面粉、葱花，煮成面糊后出锅。

3. 取汤锅，放入高汤和所有蔬菜，煮约10分钟。

4. 加面糊拌匀继续煮5分钟后加食盐调味即可。

营养功效：此汤口感细嫩，味甘鲜美，食用后很容易消化吸收，且菜花较一般蔬菜营养丰富，可促进宝宝生长，维持牙齿及骨骼正常，提高记忆力，还可防癌。西蓝花、番茄、甜椒等都是富含维生素的蔬菜，特别是富含维生素C和膳食纤维丰富，可增强宝宝免疫力，预防便秘。

喂食时间和喂食量：可在下午14点左右喂食1次，每次喂半碗(约100毫升)即可，每周可做1~2次。

禁忌与注意：菜花不耐高温，不可煮得过久，以防养分丢失及影响口感，菜花的保存温度为4℃~12℃，不可放冰箱冷冻，应趁新鲜食用。

一般不主张菜花与黄瓜同炖，黄瓜中的维生素C分解酶容易破坏菜花中的维生素C，但可以分开弄熟后混合，颜色上比较好看。

肉末鸡蛋饼

材料：肉末1匙，鸡蛋1个，葱末适量，盐少许。

做法：

1 肉末加盐、葱末调成肉馅。

2 鸡蛋打成糊，和肉馅一起搅匀，下锅摊成蛋饼即可。

营养功效：蛋类可以补充铁质的缺乏，且磷很丰富，肉末也含有丰富蛋白质和铁质，还能为宝宝提供适量钙质，二者搭配营养更佳，且利于宝宝消化。

喂食时间和喂食量：可在下午14点左右(或任两次喂食之间) 喂食1次，可按宝宝喜好喂，不必贪多，也无须勉强，当点心即可。

禁忌与注意：鸡蛋打至起泡，摊出来口感才好，摊饼的时间不要太长，用小火摊，避免蛋皮摊焦了。

在给宝宝吃的时候，妈妈可以将蛋饼用快刀切成小卷，让宝宝试着用手拿着吃。

断奶食物添加Q/A

♪ Q：9个月的宝宝能吃蛋糕吗?

A：可以。

这时候的宝宝已经有了一定的咀嚼和吞咽能力，一般烘焙过的蛋糕都可以吃。但是做蛋糕的时候注意少加糖，因为对宝宝的牙齿不好。另外就是一次不要吃太多，因为甜食吃得太多会使宝宝减少正餐的摄入量，容易引起营养不良。

♪ Q：9个月的宝宝能吃整个鸡蛋吗，都有哪些做法呢?

A：完全可以。

过了9个月后，宝宝吃鸡蛋时就可以完全不用再局限于吃蛋黄，能自如地吃整个鸡蛋了，几乎可以尝试所有的做法，其中蒸鸡蛋是特别适合宝宝的一种做法，还可以吃煮熟的鸡蛋(要研碎)，也可以将鸡蛋作为其他辅食的配菜，炒鸡蛋也是可以的，但要注意不可放调味品，必要时可放少许植物油。

♪ Q：这个阶段宝宝一定要完全断奶吗?

A：一般来说，大部分的宝宝在这个阶段都可以完全断奶了，即使不能完全断奶也作好了断奶的准备。

此时母乳已经远远不能满足宝宝所需的营养成分，且分泌量在6个月后就开始减少，宝宝在出生后8~12个月断奶是最合适的时间，最迟也尽量不要超过12个月。

♪ Q：老人家说鸡汤很补身体，给宝宝吃鸡时多喝点汤会更好吗?

A：如果只喝汤不吃肉，则并不会更好。

鸡汤虽然味道十分鲜美，但鸡汤中所含的蛋白质仅是鸡肉的10%，脂肪和矿物质的含量也不多，大部分的营养都还在鸡肉中，因此多喝汤并不会更营养，还应吃点鸡肉。

不过鸡汤中的营养虽然比不上鸡肉，但其中有含氮浸出物，可刺激胃液分泌，增加食欲，帮助消化，因此，鸡汤和鸡肉一起吃是最适宜的做法。

Q：10个月宝宝菜里能放盐和油吗？

A：可以放一点，但要注意量一定要小。

一般来说，不足1岁的宝宝最好不要吃盐，宝宝的肝肾功能未发育完全，这时如果食用食盐会加重肾的负担，对宝宝健康不利，若是因菜品原因不得不以盐调味时，也要等宝宝稍大一点再给，10个月的宝宝以盐和油调味时一定要少量。

Q：10个月的宝宝能以鸡蛋代替主食吗？

A：不能。

宝宝的胃肠道消化功能尚未成熟，各种消化酶的分泌量较少，吃太多鸡蛋会增加胃肠负担，甚至出现消化不良性腹泻，成人一天的鸡蛋量最多也只有2个，宝宝更不能多吃了。不满1岁的宝宝一天吃1个即可满足需要，不可贪多，更不可以鸡蛋代替主食。

Q：10个月的宝宝食欲下降正常吗？

A：一般来说是正常现象，不必担忧。

10个月宝宝营养需求和上个月没有大的区别，但生长发育较以前减慢，食欲也较以前下降，因此吃饭时不要强喂硬塞，宝宝能吃多少便喂多少即可，只要一日摄入的总量不明显减少，体重继续增加即可，不然容易引起宝宝厌食。

需要注意的是，不要认为宝宝又长1个月，饭量就应该明显地增加了，这样的想法会让大人总觉得宝宝吃得太少，因而一个劲地喂给宝宝吃，结果很容易引起宝宝的反感，使宝宝失去自己对饱饿的感觉。

Q：9个月的宝宝能吃萨其马吗？

A：最好不吃。

萨其马的含糖量比较高，而这时候宝宝正处于出牙期，吃糖太多对牙齿不好，还会增加宝宝肝、胆等器官的负担，对宝宝的身体健康不利。

Q：宝宝咳嗽了饮食上要注意什么呢？

A：建议做一些治咳嗽的粥或汤，比如：杏仁粥、百合大枣粥等。

要注意的是，一些含糖分高的水果和吃了易上火的水果要尽量少吃，像橘子、香蕉等，饮食要尽量少盐少糖，也不能吃寒凉的。

如果咳嗽得厉害，要赶紧带宝宝去医院治疗，千万不要延误，宝宝咳嗽特别容易转成肺炎。

Q：10个月的宝宝能吃燕麦片了吗？

A：能吃了。

燕麦含有丰富的蛋白质、脂肪、维生素、铁、锌等营养元素，还含有丰富的亚油酸，对宝宝的中枢神经系统发育有很好的促进作用。燕麦还有一个好处，就是含有丰富的B族维生素，能够弥补精米精面缺乏B族维生素的不足，为宝宝提供更全面的营养。燕麦里的膳食纤维可以帮助宝宝调节肠胃功能，预防便秘。

Q：宝宝能吃的食物多了，有哪些需要回避的食品呢？

A：应避免那些不好消化的、刺激性强的、制作过程中容易被污染的食品，具体可见下表：

食物类别	举例
贝类和鱼类	乌贼、章鱼、鲍鱼以及用调料煮出来的鱼贝类小菜、干鱿鱼等
不易消化	牛蒡、藕、腌菜、肥肉等
香辣食物及调料	芥末、胡椒、姜、大蒜和咖喱粉、洋葱、香菜等
甜食和一些加工食品	巧克力糖、奶油软点心、软黏糖类、人工着色的食物、粉末状的果汁等

Q：可以随时给宝宝喂水了吗？

A：不可以，喂水时间最好不要选在吃饭时间。

进食的同时给宝宝喝水的话，水会冲淡和稀释消化液，使得胃蛋白酶的活性减弱，从而影响宝宝对食物的消化吸收。喝水时间最好在饭前1小时左右，而且要注意适量，不要一次喝太多，一次最多120毫升。

Q：宝宝对硬一点的食物有点抗拒，能多给一段时间软烂些的食物吗？

A：不能。

宝宝拒绝进食硬一点的食物时，若大人因害怕宝宝营养不良而喂给软烂食物形成习惯，会对宝宝的健康非常不利，因为这就等于断掉了宝宝学习咀嚼的机会，丧失了这样的机会宝宝将习惯于吃软烂的食物，长期这样很容易造成营养不良，非常不利于建立健康的饮食习惯。

有些大人甚至怕宝宝嚼不烂而代替他咀嚼，这样做就等于人为地剥夺了宝宝锻炼咀嚼能力的机会，而且既不卫生，也使宝宝体会不到食物原有的色、香、味，无法提高宝宝的食欲。

Q：宝宝可以多吃些豆制品吗？

A：相对以前，让宝宝适当多吃一些是可以的，但不可过多食用。

因豆制品中含有丰富的钙质，一直被人们认为是宝宝理想的辅食，但过多食用豆制品反而不利于营养均衡。当豆制品摄入过多时，会阻碍对铁和锌的吸收，还可能引起蛋白质消化不良，出现腹胀、腹泻等症状，还

很容易引起碘缺乏，长期大量食用豆制品对宝宝的生长发育和智力都不利。

一般来说，宝宝每天的豆制品摄入量在50~100克即可。要注意的是，凡是使用硫酸锌的患儿，都必须禁止食用豆制品，以防止药效降低。

Q：宝宝不爱吃蔬菜正常吗，怎么办呢？

A：这是不正常的现象。

一般来说，到了这个阶段，大多数宝宝都能接受蔬菜了，有的宝宝还特别爱吃蔬菜，但也有宝宝不爱吃蔬菜。

造成宝宝不爱吃蔬菜的原因大致有两方面：一是宝宝自己的好恶以及个性所致，二是大人潜移默化引导而致。不管是哪一种，大人都不应该放弃让宝宝尝试着吃蔬菜，一定要鼓励宝宝，哪怕吃得少一些。平日里，

大人一定要注意搭配均衡，不要将自己的好恶加给宝宝，让宝宝尽量多尝试各种食物。

若是发现宝宝一直吃蔬菜比较少，可以多给些水果补充维生素，但一定不能就此放弃，一点也不给，大部分的宝宝最终都能够吃吃炒菜或炖菜，如果宝宝仍然拒绝炒菜、炖菜，可将蔬菜与其他宝宝喜欢的食物搭配，如包在馄饨、饺子、丸子中等，但一定不要给宝宝吃蔬菜罐头。

Q：宝宝的食物需要严格按照食谱做吗，食物多了会不会有困难？

A：不需要，否则食物多了会出现很多困难。

食谱能表达的毕竟有限，更不可能完全与某个宝宝的情况完全吻合，因此大人在给宝宝做辅食时，应优先根据宝宝的实际进食情况来调整食谱，只要符合基本的原则和规范即可，无须按照食谱一步步地来，否则不

但有可能不符合宝宝的胃口，还容易打乱自己安排的食物计划。

其实，只要按照一般的食物搭配方法来做，宝宝基本不会出现营养不良的情况，因为食物种类多，加起来的话，摄入的各种营养就不会少了。

Q：如果宝宝长时间不肯进食某一类食物，该怎样平衡呢？

A：这种时候，应该根据实际情况区别对待：

情况	对策
不爱喝牛奶	可多吃些肉蛋类食品，以补充蛋白质
不爱吃蛋肉	多喝牛奶，但每天最多不要超过1000毫升
不爱吃蔬菜	适当多吃水果，宝宝现已能吃整个的水果了，不必榨成果汁，削掉皮，用勺刮或切成小片、小块直接吃即可，有的水果可直接拿大块吃，如去净子的西瓜
不爱吃水果	多吃些蔬菜，尤其是含维生素C丰富的番茄

Q：宝宝能吃米饭了，能给汤泡饭吗，会不会更营养？

A：不能，汤泡饭也不会更营养。

一来汤并不会更具营养，只是增加滋味而已。

汤里一般仅有少量的维生素、矿物质、脂肪或蛋白质分解后的氨基酸，而大量的蛋白质、维生素和矿物质仍然留在食材中，汤是不能使得宝宝所需的各种营养得到满足的。

二来汤泡饭容易使宝宝的饭量减少。

饭用汤泡过后体积会增加，容易有饱肚的感觉，导致主食摄入量相应减少，长期吃汤泡饭就等于让宝宝一直处于半饥饿状态，影响其生长发育。

三来不利于宝宝消化吸收。

以汤泡饭，容易使宝宝囫囵吞入食物，不利于宝宝味觉的完善，且大量汤液进入胃部，会稀释胃酸，影响消化吸收，即使宝宝感觉吃饱了，营养却并没有被吸收多少，时间久了还会导致宝宝食欲减退。

Q：宝宝的食物多了起来，有什么健康简单的调味方法吗？

A：一般除了给少许盐、糖、食用油等外，不建议宝宝的食物使用调味品，但只要发挥一点点创意，总可以为宝宝的食物调出好味道的，例如用酸奶、水果等现有辅食来调味。

酸奶、果汁或果泥等都带有淡淡酸味和甜味，大部分的宝宝都会喜欢吃水果，也喜欢酸奶的味道，当遇到味道比较难以让宝宝接受的食物时，可以用酸奶或果汁、果泥等来辅助调味，能让食物很容易就变得美味起来。

Q：临睡前给宝宝喂奶睡得更香，但这样宝宝是不是容易患龋齿呢？

A：如果不注意牙齿清洁，临睡前喂奶确实会伤害牙齿。

以往，大人一般都会在临睡前给宝宝喂一次奶，这样宝宝会比较安静地进入睡眠，不过在宝宝长出牙齿后一定要注意做好口腔卫生保健，不然奶中的糖分残留在牙齿中，会腐蚀牙齿，容易发生龋齿。

要注意的是，最好不要长期临睡前给宝宝喂奶，尤其是长牙后，能不喂就不要硬喂，不然还容易造成宝宝食欲降低，在昏昏沉沉时喂奶后，宝宝清醒后会没有饥饿感，不愿进食，这对宝宝身体健康非常不好，还会养成宝宝被动的心理行为。

Q：宝宝为什么要喂点心呢，该怎样吃？

A：点心的主要成分是碳水化合物，营养价值和米饭、面食差不多，可为宝宝提供能量，尤其是在断奶结束期。

可以给宝宝吃的点心很多，但要以容易咀嚼和消化的饼干、面包、蛋糕为主。不要给宝宝吃煎饼、油条、月饼等食物，因为这些东西的残渣很容易掉进气管，引起宝宝呛咳。也不要给宝宝吃糖，因为容易使宝宝出现龋齿。

吃点心的时间可以在上午和下午各安排一次，最好每天定时，不能随时都喂，在宝宝没食欲的时候也不要喂点心。

有些宝宝主食吃得很好，长得胖，就不要再吃点心，可以用水果代替。有些宝宝主食吃得很少，可以在饭后1~2小时内适当地吃些点心。

Q：宝宝现在都会用手抓食物吃吗，要注意些什么？

A：这个是不一定的。

虽然几乎每个宝宝都具备用手抓取食物进食的能力，但开始这样的行为却往往是突然的，需要大人留心观察。当宝宝用手抓取食物后，会开始自己进食，这个时候要注意：

1 食物可柔软一些，易于吞咽，以免引起哽噎，稍稍用力捏即烂的食物对宝宝是最合适的，如煮烂切碎的豌豆、土豆、小块的饼干、烤脆的面包片、小块鸡肉、炒蛋、香蕉等，

虽然宝宝会用牙龈咀嚼食物，但最好能保证食物不经咀嚼也能被消化。

2 起初可将食物切成5毫米见方的块，习惯后慢慢增大食物体积，一般到7毫米左右即可。

3 给宝宝创造愉快的进食环境。宝宝自己进食不可避免地会出现一片狼藉的情况，这种情况会逐渐改善，因此，大人要保持冷静与温和，让宝宝拥有一个愉快的进餐时光。

Part **6**

10~12个月，断奶完成期

10~12个月宝宝一日饮食安排表

10~11个月宝宝一日饮食安排

这个月宝宝吃的东西已经接近大人，可以吃软饭，全天饮食应各类具备，注意营养搭配，至少有两餐以辅食为主，不要偏食，每周加一种新的肉类食物，让宝宝用手取食切成小块的水果、面包等，水果要去皮、去核。辅食的量应比上个月略有增加，这个阶段的哺喂要逐步向幼儿方式过渡，餐数适当减少，每餐量增加。

宝宝开始表现出对特定食品的好恶，但即使宝宝喜欢某种食物，也不可让其一连几顿地吃，每次喂餐前的半小时给宝宝喝20毫升的温白开水，有助于增加食欲。

主要食物	母乳或配方奶、稠粥、菜肉粥、菜泥、鸡蛋、牛奶、豆浆、豆腐脑、面包、面条、鸡蛋面片	
辅助食物	温开水、骨头汤、肉汤、新鲜水果、鱼肝油(维生素A、维生素D比例为3:1)、钙片	
餐次	喂奶每日2次，每次喂10分钟左右，喂辅食3次	
哺喂时间	上午	6时喂奶
		10时喂稠粥或菜肉粥1小碗，菜泥3汤匙，鸡蛋半个
	下午	14时交替喂牛奶、豆浆、豆腐、面包
		18时可交替面条、鸡蛋面片
	夜间	22时喂奶
备注	上午8时、下午15时可喂食新鲜小块水果，温开水、骨头汤、肉汤等在两餐之间交替供给 鱼肝油每天1~3次，每次1~2滴，保持在6滴上下 钙片每天3次，每次1~2片，或遵医嘱	

♫ 11~12个月宝宝一日饮食安排

这个月开始，宝宝就要完全断奶，断奶时间在早春或晚秋最好，如果这时正值盛夏，断奶可提早或推迟一段时间，因为夏季断奶不易使宝宝适应饮食的变化，容易引起腹泻。

此时宝宝已经或即将断母乳了，食品结构基本是一日三餐加两顿点心，代替母乳成为宝宝的主要食物。

这个月宝宝能吃的饭菜种类已经很多，基本上吃和大人一样形态的食物，食物选择面很广，除主食外，还可以吃各种瘦肉、蛋、鱼、豆制品、蔬菜和水果。虽然已断掉母乳，但乳制品还是要补充，配方奶或牛奶均可，每天应不低于250毫升。

主要食物	牛奶、豆浆、米粉、面包、粥、菜泥、面条、肉汤、肉末、蛋黄泥、鱼肉、豆腐、软饭		
辅助食物	温开水、果汁、水果、鱼肝油(维生素A、维生素D比例为3:1)、钙片		
餐次	每次喂10分钟左右，喂辅食3次		
哺喂时间	上午	6时喂牛奶、豆浆、米粉等	
		10时喂软饭、面包、粥、菜泥	
	下午	14时喂面条、肉汤、肉末	
		18时喂稠粥加菜泥、蛋黄泥、鱼肉、豆腐	
	夜间	22时喂牛奶	
备注	白天可加喂温开水、果汁、水果 鱼肝油每天1~3次，每次1~2滴，一天5~6滴 钙片每天3次，每次1~2片，或遵医嘱		

断奶完成期怎么喂

♪ 恭喜你，宝宝可以完全断奶了

"断奶"就是要断掉母乳，到这个阶段，宝宝已具备了断奶的基础，几乎都可以适应母乳以外的食物了，能和大人一样形成一日三餐的饮食规律，加之长出了小乳牙，胃消化酶日渐增多，因此现在也是给宝宝断奶的最好时机，应该实现完全断奶，不要拖过第12个月。

不过断奶并不表示就要断掉所有乳类食物，而是将宝宝的饮食由以乳类为主向以固体食物为主转变，必要时配方奶和牛奶仍然可以接着喂给宝宝。一方面乳制品能提供丰富的优质蛋白质，营养价值很高，不但在婴儿期，即使长大以后也应该适当地喝点乳制品（比如牛奶）；另一方面，光靠3次正餐和2次点心来维持宝宝的营养需求也是不够的，配方奶或牛奶是必要的补充，如果一天喝乳制品少于250毫升，就要吃比较多的蛋和肉了，以补足蛋白质。

当然，以喝乳制品为主也不对，这样一来一方面可能会引发宝宝缺铁性贫血；二来也不能锻炼宝宝的咀嚼和吞咽能力以及味觉的发育，容易引起偏食。

♪ 食物更丰富，喂养方式开始向幼儿期过渡

现阶段宝宝已经或即将断奶了，食物结构会有较大的变化，要逐步向幼儿方式过渡，饭菜已经不是以前的辅食了，而应该成为主食，一天三餐加两顿点心，每日要提供身体所需总热量的2/3以上。婴儿期最后两个月是身体生长较迅速的时期，需要更多的碳水化合物、脂肪和蛋白质，这时选择食物的营养应该更全面和充分，尽量包括瘦肉、蛋、鱼以及蔬菜和水果。

宝宝目前普遍已长出了上下切牙，能咬下较硬的食物，因此食物的硬度可以基本与大人的差不多，能吃的饭菜种类很多，如软饭、烂菜、水果、碎肉、面条、蔬菜薄饼等都可喂食，蔬菜要尽量多样化，只是在调味这道工序上要差别对待。由于宝宝臼齿还未长出，不能把食物咀嚼得很碎，因此饭菜一开始还是应该挑选那些大人的食物相对细软一些的，以便宝宝顺利消化。食品要经常变换花样，

巧妙搭配，以提高宝宝进食的兴趣。

现在宝宝的食物可以不像以前一样尽量制成泥或糊，有些蔬菜只要切成丝或薄片即可，肉或鱼可以撕成小片，主食可转为软饭、包子、饺子等固体食物。一方面经过不断的咀嚼训练，宝宝已经会用牙龈咬食物了，反而不那么喜欢流质食物了；另一方面也可顺利帮助宝宝过渡到适应幼儿食物的形态。

每餐食物的量应比上个月略有增加，一般本阶段宝宝的食量为大人食量的1/3~1/2，在半碗左右，以前吃4~5餐的可以适当减少餐数，如果以往一直以粥为主食，现在可尝试换成米饭，可在喂粥前先喂2~3匙软米饭，适应后即可将粥换成米饭。每餐量增加。奶粉或牛奶每天2次，每次200毫升即可。

这个阶段的宝宝开始咿呀学语，但在喂饭时最好不要与宝宝说笑，以免食物颗粒呛入气管，影响宝宝健康以及良好进食习惯的养成。为防止宝宝挑食，要耐心让宝宝多尝试不同的食物，但最好不要用某种食物作为奖品来鼓励宝宝进食新食物，这反而会加剧宝宝的挑食现象。

给宝宝一把属于他自己的勺子

宝宝到了11个月时会比较抵触大人喂食，因为他想自己尝试吃，宝宝的手很灵活了，已经会使用勺子，当你给他勺子后他会很认真地不停尝试。若喂食的时候宝宝主动去抢勺子时，就是在表达要自己吃饭的意思，这时候最好开始训练宝宝自己用勺子吃饭的能力，适时地递给宝宝一个外形安全的小勺子。要注意给宝宝的餐具一定要清洁干净，经过锻炼，大多数宝宝可以尝试着自己吃饭。

当然，宝宝练习自己吃饭的过程不可能一帆风顺，但绝对不能就此失去耐性，剥夺宝宝学吃饭的机会，可以根据实际情况灵活处理。开始拿勺的时候，宝宝还不能很好地抓握，勺子容易掉，那么不妨多准备几个小勺，掉了再换一个。

宝宝吃饭时还喜欢故意扔掉勺子或食物，让别人帮助捡起，然后再扔掉，这是正常现象，大人要耐心对待。不过大人要注意观察宝宝的表情，如果觉得宝宝扔勺子时有不乐意的意思，或者并不期待大人捡回来时，就不要再捡回来给他了，最好收拾起饭桌，更不要到处追着给宝宝喂食物，不然宝宝容易反感不说，还不利于培养良好的饮食习惯。

不过给宝宝勺子让他自己吃不是完全不管他，在开始的时候，对宝宝提供必要的监护、帮助和提醒是不能少的，要一点一点撤出对宝宝的协助，不是一开始就让宝宝完全独立。如果宝宝将食物洒得到处都是，千万不要指责和批评，要知道，现在只要宝宝能把东西送到嘴里，就是值得鼓励的。

♨ 断奶后怎么喂养才能保证宝宝营养

断奶后要注意科学喂养，以免影响宝宝的生长发育。而宝宝处于生长发育的旺盛阶段，尤其是婴儿期的这最后两个月，身体各组织器官的健康发育和顺利运行需要大量营养素，特别是蛋白质，因此，饮食上一定要注意科学，营养要均衡。

1 断奶后每天保证250毫升乳制品（牛奶或配方奶）摄取，同时提供充足的鱼、蛋、瘦肉、蔬菜和水果等食物，并注意食物经常变花样，巧妙搭配。

由于饮食中的蛋白质多为植物性蛋白，需很大的进食量才能满足身体快速生长发育的需要，显然仅仅靠植物蛋白来满足需要是不可能的；而猪肉、牛肉及鸡蛋等高蛋白食物虽然含有较优质的蛋白质成分，但对于尚只拥有6~8颗牙齿的宝宝来说，完全咀嚼吸收掉这些较难消化的食物也很困难，因此，光吃食物很难满足宝宝对于蛋白质的需求，每天喝一定量的配方奶或牛奶是很必要的。

2 谷类食品可以成为宝宝的主食，谷类食品能为宝宝提供大部分的热量，因此食物的安排要以米、面为主，同时搭配动物食品及蔬菜、豆制品等，在食物的搭配制作上可以尽量多样化，最好经常更换花样，如小包子、小饺子、馄饨、馒头、花卷等，以吸引宝宝的注意力。此外，其余各类食物也应尽量做到注意色、香、味俱全，以吸引宝宝进食，从而满足充足摄取营养的需要。

3 刚断奶的宝宝每天可进食6次，以后可减少到4~5次（包括点心次数），早、中、晚餐可以和大人同一时间进餐，两餐之间适当添加点心、乳制品、水果，睡前给1次晚点。有的宝宝可能会出现食欲下降的现象，这时最好不要强求宝宝进食，尤其是宝宝明显表现出厌恶的食物时，只要进食变化不是特别大，一段时间后即可恢复。

1 让宝宝适应上饭桌。

现阶段宝宝正式进入适应断奶的时期，是宝宝建立进餐规律的阶段，大人应该习惯给宝宝在饭桌上留一个位置，规律的进食将会慢慢替代乳制品的地位。

宝宝现在主观上也十分乐意与大人同桌吃饭，经过几个月的辅食添加训练，宝宝可以接受的食物范围已经很大了，对于大人吃的食物会有强烈的好奇心，想要尝试，虽然宝宝这时候多半会将食物搞得比较狼藉，但这是让宝宝领会正常进食规律的一个重要途径和过渡。

2 饭菜荤素搭配。

宝宝断奶后，食用奶制品的次数少了，食物一定要更加丰富多样，为保证营养均衡，一定要注意荤素搭配，饭、肉、菜、蛋、豆制品都应包括在一天的饮食之中。比如：早餐给予肉末菜泥大米粥，午餐可搭配碎菜肝末烂面条，晚餐可做鸡蛋黄鱼羹和碎菜烂饭，点心给些苹果和小饼干。

3 每天都应喝适量的乳制品。

正常情况下，11~12个月的宝宝每天应保持饮配方奶或牛奶250~500毫升，以满足生长发育的需要。

4 口味提倡清淡，但应开始尝试五味。

许多宝宝长到1岁还不识五味，这是因为在1岁前没有尝试过咸、酸、甜、油的食物，这对宝宝本身没有太大的问题，而且我们提倡在婴儿期饮食以清淡为主，最好不加调味品，即使没有额外添加盐、糖、醋、油等调味品，食物的营养也不会因此而缺少。

不过不必害怕宝宝因摄取调味品而患高血压、肥胖、糖尿病，调味品还不足以产生这样的效果，其实适当的味觉刺激是能够调动食欲的，甚至能让宝宝更快乐、更聪明，但一定要注意适量，大人以自己感觉有点淡为准，现在的宝宝一般可以耐受。

宝宝断奶怎么吃

各种调味品可使用的时间及注意事项

调味品	可添加时间	注意事项
黄油	4个月以上可以吃，保持只使用1/4小勺(2~3克)	不要过量，不要含盐
盐	8个月以后可以加1/4小勺(2~3克)	每天1~2顿加盐即可
酱油	10个月以后才加1~2滴	只是让饭菜的味道更好一点，要注意是否过敏
糖	从5个月开始，1/3勺是上限	建议只在需要添加一点味道时才使用
番茄酱	9个月以后再使用，控制在1/3小勺，越少越好	最好是自制
食用油	5个月开始，慢慢尝试，2~3滴即可	最好是植物性食用油
蜂蜜	婴儿期不要吃	容易引起食物中毒
醋	婴儿期不要使用	大多数宝宝不喜欢醋的味道
市售高汤	不要使用	自己动手制作更安全、更营养
味精	不要使用，2岁以后可使用鸡精	会使味觉变迟钝，宝宝一般不会对味精有需求

10~12个月喂食的小技巧

1 每次喂餐前半小时不妨给宝宝喝20毫升温白开水，可以提高宝宝的食欲。

2 这个阶段，宝宝对特定食物会表现出明显的好恶，大人不应该因此而对宝宝格外迁就，让他下顿接上顿地吃，这很容易助长宝宝偏食的毛病。正确的做法应该是，在保证营养足量的基础上，合理安排食谱，多注意变换烹调方式，以引起宝宝对所安排食物的兴趣。

3 防止宝宝肥胖。如果宝宝平均每天体重增长超过30克，大人要考虑为宝宝适当限制食量，吃饭前先喝些淡果汁。食量大的宝宝要调整饮食结构，主食量可以减少些，多

喝水。但要注意保证蛋白质的摄入，所以不要限制乳制品和蛋、肉的量。

4 不要把时间都花在厨房，花点时间陪宝宝玩耍。这个阶段，宝宝能吃多种蔬菜和肉蛋、鱼、虾等种类，大部分水果都能吃了，能和大人一起进食一日三餐，喝两次乳制品外不吃点心的宝宝多了起来，宝宝可以有更多的精力做游戏以及做其他事情，不妨多带宝宝到户外活动一下，做做游戏，让和宝宝一起玩的时间多起来。

5 要正确理解宝宝的信号。当宝宝看见食物不兴奋时，多是因为不想吃，这时不要逼着他吃，每天吃的食物量不会完全相同，偶

尔吃少一点是正常的，尤其是天气炎热时，宝宝食欲下降，食量会减少，当然，宝宝不舒服时食量也会减少，大人一定要留心。

6 要分析和辨别各种信息。身处信息社会，信息量大了难免出现不一致的观点，对于某些应该这样、不应该那样的信息，不要只听一家之言，由于不一定经过验证，因而不一定正确，这个时候大人要学会辨别，有的个别经验并不一定适合自己的宝宝。

♫ 10~12个月宝宝可添加的食物

乳制品：主要有配方奶、牛奶，它们也是断奶后重要的营养来源之一。

主食：包括各种谷物食品以及面食、粥、米饭、面条、馄饨、小包子、小饺子、小块的馒头等。这些食物不但为宝宝提供能量，还可以锻炼吞咽和咀嚼能力。

蔬果：除葱、蒜、姜、香菜、洋葱等味浓、刺激性比较大的蔬菜外，各种当季的蔬菜和水果均可食用。可以不必弄得很碎了，很多水果可直接拿着吃。

豆制品：主要是豆腐和豆干，可以补充蛋白质和钙。

肉蛋类：各种家禽和家畜的肉，做成肉泥和肉末均可。蛋类可用蒸、煮、炒、炖等各种方式做；肝和动物血做成末即可，是预防贫血的重要食材。

水产品及海鲜：鱼、虾及各种海产品都可以吃，但是要注意食用后的反应，过敏性体质的宝宝在吃海鲜的时候尤其要谨慎。

手持食物：宝宝喜欢自己动手拿着食物吃，若不能满足他的需要，他会哭闹，所以有必要制备些能够握在手中，又易于消化的方便食物，保证进食的同时还可训练宝宝手、眼的协调能力，提高动作技巧性，也能提高宝宝的饮食兴趣。

各类蔬菜都可用来制作手持食物，如番茄、红薯、土豆、芦笋、胡萝卜等。比如番茄，洗净后用开水烫去皮，切成小块即可让宝宝捏在手上吃。不过有些食物不能给宝宝生吃，像南瓜、红薯、土豆等则需要先蒸烂，然后切成小条状或块状再给宝宝食用。此外，面包、饼干、鸡蛋饼等也都是很好的手持食物。

磨牙食品和点心：烤馒头片、面包干、宝宝饼干等有一定硬度的食物，软面包、自制的蛋糕等均可以在两餐之间作为点心给宝宝吃。

10~12个月宝宝断奶美食链接

固体食物是适合10~12个月宝宝吃的断奶美食

婴儿期最后两个月是身体生长较迅速的时期，此时有些宝宝已经或即将断母乳了，需要更多的碳水化合物、脂肪和蛋白质，食物的营养应该更全面和充分，每日饮食应含有碳水化合物、脂肪、蛋白质、维生素、矿物质和水等营养素。可每餐增加些量，餐次可适当减少，避免饮食单一，合理搭配多种食物，以满足生长发育的需求。

同时这个阶段宝宝已经基本适应吃辅食了，能嚼动比较硬的食物，可以吃大部分的食物，肉、蛋、鱼、蔬菜、水果、面食、谷物均已适应，因此可以搭配更加丰富的食物，食物形态可以向固体食物靠近了。

在适当增加面食、面饼类固体食物的同时，也要加大软饭的量，它们不仅是适合现阶段宝宝吃的固体食物，而且主要成分是碳水化合物，能够提供宝宝每天活动与生长所需的能量，同时还含有蛋白质，可以促进身体组织的生长。如果宝宝活动量大、消化吸收能力较强，软饭及面条、包子等中可以多加点蔬果、肉蛋等。

给宝宝喂饭时，不建议将饭嚼后再喂，也不可将宝宝的食物先放在自己的嘴里试温度，然后吐出来再喂给宝宝，这种做法其实很不卫生，不利于宝宝的身体健康。

清汤鱼面

材料：面粉80克，鲜活草鱼肉50克 火腿丝10克，黄豆芽25克，鸡蛋1个，葱末、姜末各适量，盐、清汤、干淀粉、料酒各适量。

做法：

1 鱼肉用刀背砸成泥，挑去筋，再用刀剁成泥；黄豆芽洗净；葱末、姜末用清汤泡上。

2 面粉、淀粉掺在一起，用鱼泥、鸡蛋、葱姜水和成面团，反复揉搓，用布盖上饧一会儿，擀成韭菜叶宽的面条。

3 烧开水下入面条煮熟，投入黄豆芽，捞出放入碗内，撒上火腿丝。

4 烧开清汤，下入盐、料酒调好口味，浇在面条上即可。

营养功效：不管是淡水鱼还是海鱼，营养价值都很高，鱼肉几乎不含脂肪，蛋白质、矿物质含量非常丰富，且肉质细嫩，比禽肉与畜肉都较易吸收。

喂食时间和喂食量：可在上午10点左右(也可在下午14点、18点左右或根据实际情况调整) 喂食，一天1次，宝宝能吃多少便吃多少即可。

禁忌与注意：煮面条时火不能太大，以免面条煮烂，影响口感，宝宝不爱吃，烧水时保持在80℃左右为好。

市场上有很多鱼类小食品售卖，鱼松是其中一种，这样的鱼松多是作为调味品使用的，由海鱼加工制成，口味鲜美，食用方便。但要注意，不要将这样的鱼松作为单纯的零食给宝宝吃，因为里面氟含量极高，长久食用会引起氟中毒。

菠萝牛肉片

材料：牛肉200克，菠萝100克，鸡蛋1个，番茄沙司、淀粉各适量，盐适量。

做法：

1 将牛肉洗净，切成薄片，用蛋清、淀粉拌匀；将菠萝去皮、去心，切成薄片备用。

2 锅内加油烧热，倒入牛肉片，滑炒几下，待肉色变了后即可盛出，备用。

3 锅内留底油，倒入菠萝片翻炒均匀，加盐、清水，大火烧开，煮3分钟后下入牛肉，然后加番茄沙司。

4 烧沸后转小火，继续烧5分钟，用水淀粉勾芡，即可出锅。

营养功效：此菜富含优质蛋白质及多种维生素和矿物质，可给宝宝提供比较全面的营养。菠萝性味甘平，具有健胃消食、补脾止泻、清胃解渴等功效，菠萝中还含有一种叫菠萝朊酶的物质，能够分解蛋白质。所以牛肉在与其搭配食用的时候，妈妈不必担心宝宝会有消化不良的情况发生。

喂食时间和喂食量：可在下午14点左右(也可在上午10点、下午18点左右或根据实际情况调整) 喂食，一次半碗，一周1~2次即可。

禁忌与注意：菠萝最里面的那部分果肉比较硬，纤维特别多，可以暂时不给宝宝食用，做的时候用刀小心地将外面的那部分果肉切下来。

土豆炖牛肉

材料： 牛肉100克，土豆1个，料酒1小匙，生抽、盐、姜片各少许。

做法：

1 将牛肉洗净，切成块；将土豆洗净、去皮切成滚刀块。

2 土豆用清水浸泡备用；牛肉用开水烫一下捞出。

3 锅内加植物油烧热，放入牛肉炒至变色，下调料和清水，旺火烧开，撇去浮沫。

4 转用小火烧至牛肉八成熟，再放入土豆块继续炖，至土豆入味熟烂即好。

营养功效： 此菜味道鲜美，营养丰富，具有高能量、高蛋白质、低脂肪的特点，有补中益气、滋养脾胃、强健筋骨的作用，除提供能量外，更可强壮宝宝骨骼，促进宝宝健康成长。

喂食时间和喂食量： 可在上午10点左右(也可在下午14点、18点左右或根据实际情况调整）喂食，一天1次，一次吃半碗到1碗即可。

禁忌与注意： 给宝宝吃的牛肉新鲜的比储存过一阵子的要合适，买牛肉时也应挑选新鲜的，注意分辨新嫩牛肉与老旧牛肉的区别：有光泽、色浅红、颜色均匀稍暗、质坚而细、富有弹性、不粘手的肉是新嫩的。

豆干肉丁软饭

材料： 豆腐干25克，猪肉丁50克，粳米100克，盐少许。

做法：

1 将粳米淘洗干净，焖熟；豆腐干洗净，切成丁。

2 起锅热油，放入猪肉丁炒3分钟，放入豆腐干、米饭，翻炒片刻后调少许盐即可。

营养功效： 此饭软滑香浓，含有大量蛋白质、脂肪、碳水化合物，还含有钙、磷、铁等多种人体所需的矿物质，有补中益气、健脾养胃的功效，可强壮宝宝的身体，助消化，促进新陈代谢。

喂食时间和喂食量： 可在下午14点左右(也可在上午10点、下午18点左右或根据实际情况调整）喂食，一天1次，一次吃半碗到1碗即可。

禁忌与注意： 这道菜不宜与鸡肉类食物一同安排进食，至少错开一顿饭，此外还要注意脾胃虚弱的宝宝不宜食用。

鲅鱼饺子

材料：鲅鱼200克，肥肉20克，鸡蛋1个，韭菜、饺子皮各适量，葱姜水、盐、香油各少许。

做法：

1 鲅鱼洗净，去皮；韭菜择好，洗净，切碎。

2 肥肉和鲅鱼一起剁成肉泥，加入葱姜水，与韭菜、鸡蛋一起拌匀，加盐、香油调好。

3 将鲅鱼馅包入饺子皮中，包好的饺子入锅煮熟即可。

营养功效：鲅鱼饺子富含营养，不喜欢吃米饭和粥的宝宝可时常做点饺子当做辅食，以补充能量。

喂食时间和喂食量：可在上午10点左右(也可在下午14点、18点左右或根据实际情况调整)喂食，一天1次，一次吃半碗到一碗(约10个左右)即可。

禁忌与注意：煮饺子的水放上盐和油，饺子皮不易破，也不容易粘连，煮时最好敞锅煮，水开下饺子，第一次煮开后，加冷水再煮开，如此反复三次，饺子皮可以保持筋道不易破。

海鲜馄饨

材料：虾仁、鳕鱼肉、豆腐各25克，胡萝卜、小白菜心、小油菜心、紫菜丝各10克，鸡蛋1个，馄饨皮10张，姜片适量，酱油、香油、植物油各适量。

做法：

1 虾仁、鳕鱼肉洗净，剁碎；小白菜心和小油菜心洗净，切碎；胡萝卜洗净，切细丝；豆腐压成泥；鸡蛋取蛋黄打散备用。

2 将虾仁、鳕鱼、豆腐、小白菜心、香油、植物油拌匀成馅，包入馄饨皮中。

3 沸水锅中加入馄饨、胡萝卜丝，大火再次煮沸，加入小油菜心焖3分钟，打入蛋黄，撒入紫菜丝，倒入酱油、香油少许，煮开关火即可。

营养功效：海鲜馄饨汤鲜味香，口感软滑柔嫩，对促进宝宝的食欲相当有效，可常当做宝宝的主食。

喂食时间和喂食量：可在上午10时左右(也可在下午14点、18点左右或根据实际情况调整)喂食，一天1次，根据宝宝的需要，做一次后能吃多少给多少即可，不必勉强。

禁忌与注意：馄饨皮不要太厚，尽量薄一些，做海鲜馅，可以备下一些姜汁，调馅时随手搁一点进去，可以起到去腥提鲜的作用。从中医的角度来说，大部分的海鲜性寒，而姜性暖，两者搭配可以去除海鲜的寒气。

馄饨馅除了海鲜外，还有很多选择，都非常有营养且各具特色，可以替换着做给宝宝吃，比如鸡肉、白菜、芹菜、香菇、虾等，做成馅前要弄碎。

桃仁稠粥

材料：大米(或糯米) 50克，熟核桃仁10克，白糖少许。

做法：

1 将大米(糯米) 淘洗干净，用清水浸泡2个小时左右。

2 将熟核桃仁放入榨汁机里打成粉，拣去皮。

3 将大米(糯米) 放入锅中，加入适量清水，先用大火煮开，再转小火熬成比较稠的粥。

4 将核桃放入粥里，用小火煮5分钟左右，边煮边搅拌，最后加入一点点白糖调味即可。

营养功效：富含蛋白质、脂肪、钙、磷、锌等多种营养素，其中核桃仁所含的不饱和脂肪酸对宝宝的大脑发育极为有益。

喂食时间和喂食量：可在下午14点左右(也可在上午10点、下午18点左右或根据实际情况调整) 喂食，一次半碗到1碗(约150毫升)，一周1~2次即可。

禁忌与注意：熟核桃仁也可用生核桃仁自己炒制，方法是：把核桃仁放入热锅，中小火干炒至闻到核桃香味即可，也可以放到微波炉里中小火转2~4分钟。

核桃中含有的油脂比较多，一次千万不要放多，宝宝吃太多对脾胃不利。

胡萝卜饼

材料：胡萝卜1个，面包半个，面包渣适量，鸡蛋1个，牛奶适量，白糖少许。

做法：

1. 胡萝卜洗净，放入沸水锅中（水刚好浸过胡萝卜为宜），焖煮15分钟。

2. 面包去皮，放牛奶里浸泡片刻，取出后和胡萝卜一起研碎，打入鸡蛋（留少许蛋清备用），调匀，做成小饼。

3. 在小饼上涂抹打成泡沫的蛋清，蘸取面包渣，放入油锅中，煎熟即可。

营养功效：胡萝卜不仅对宝宝的眼睛很有好处，还具有促进食欲、增进小肠吸收功能的作用。

喂食时间和喂食量：可在下午14点左右（也可在白天任一餐前后）喂食，将饼做到宝宝能拿的大小，由宝宝自己吃，能吃多少就吃多少，不可勉强。

禁忌与注意：做煎饼时火不能太旺，最好用小火多煎一会儿，以免饼外面焦里面生。若不好掌握火候，或是希望饼能更清淡一些，可以将圆饼用保鲜膜覆盖上，用蒸锅蒸熟，蒸20~30分钟即可。

番茄米饭卷

材料：软大米饭100克，洋葱20克，胡萝卜、番茄各15克，鸡蛋1个，盐少许。

做法：

1. 胡萝卜、番茄、洋葱分别洗净，切成碎末。

2. 鸡蛋打散，用平底锅摊成一张蛋皮。

3. 炒锅放油烧热，下入洋葱末、胡萝卜末炒软，加入米饭、番茄末拌匀，加盐调味。

4. 将炒好的米饭平摊在蛋皮上，卷成卷，再切成段即可。

营养功效：此饭卷含有人体必需的几乎所有的营养物质，尤其是蛋白质、胡萝卜素，能促进宝宝生长。

喂食时间和喂食量：可在下午14点左右（也可在白天任一餐前后）喂食，一天1次，一天做1个卷，宝宝吃多少可由他自己决定，一周可做1~2次。

禁忌与注意：卷蛋皮时动作要轻，以免弄破蛋皮，由于是卷成卷筒状给宝宝直接拿着吃的，所以卷的筒口一定不要大，不要将米饭堆在鸡蛋上再卷，这样只会卷成一个很大的卷，宝宝一口吃不下，而且也不一定能拿得住，摊平后卷成几卷，这样不容易撒，也方便吃和拿。

紫菜墨鱼丸汤

材料：墨鱼肉150克，猪瘦肉750克，紫菜25克，葱花、香菜末各少许，淀粉、盐各少许。

做法：

1. 紫菜用清水泡发，洗净；墨鱼肉和猪瘦肉分别洗净，剁成肉泥，加淀粉、盐拌匀后捏成直径1厘米的丸子。

2. 起锅热油，放入丸子炸至金黄色，捞出沥油。

3. 另起锅，放清水烧开，放入丸子、紫菜烧开，改小火煨10分钟，撒入葱花、香菜即可。

营养功效：此汤口感柔嫩，味道清香，含有丰富的钙、磷、铁等矿物质及维生素，能为宝宝身体发育提供所需的营养，有助于增强机体免疫能力，强壮身体。

喂食时间和喂食量：可在上午10点左右(也可在下午14点、18点左右或根据实际情况调整)喂食，一天1次，一次喝半碗到1碗(约150毫升)即可。

禁忌与注意：鱼肉细嫩，炸丸子时油不能过热，火不要太大，否则容易炸煳。

黑米粥

材料：黑米100克，红糖少许。

做法：

1. 将黑米洗净，在冷水里浸泡2个小时。

2. 将黑米放入锅内加清水熬至浓稠时，再放入红糖，改用小火熬煮1小时。

营养功效：黑米是一种蛋白质含量高、维生素及纤维素含量丰富的食品，还含有人体不能自然合成的多种氨基酸和矿物质等，有补血益气的功效，且米香浓厚，可以为宝宝补充营养、热量。

喂食时间和喂食量：可在下午14点左右(也可在白天任一餐前后)喂食，一天1次，宝宝吃多少可由他自己决定，一周可做1~2次。

禁忌和注意：可在粥内加蛋黄泥、肝泥、鱼肉末等。大米煮前用水泡一泡，煮时易烂，且汤更黏。粥的稠度(加水多少)可根据宝宝的情况(月龄、消化能力的表现)由稀到稠。

黄瓜沙拉

材料：黄瓜、番茄各30克，橘子3瓣，葡萄干10克，沙拉酱、盐各少许。

做法：

1. 葡萄干用开水泡软，洗净；黄瓜洗净，去皮，涂少许盐，切小片；番茄用开水烫一下，去皮，切小片；橘子去皮，核，切碎。

2. 将葡萄干、黄瓜片、番茄片、橘子放入盘内，加沙拉酱拌匀即可。

营养功效：此道辅食营养丰富，功用独特，富含大量人体所需的维生素以及微量元素，含有一般植物少有的植物性白蛋白，有解毒的功效，对宝宝的健康有绝佳的功效。

喂食时间和喂食量：可在上午10点左右（或任一餐前后）喂食，一天1次，宝宝能吃多少便吃多少即可。

禁忌与注意：这道果蔬辅食可以放在餐前食用，应该根据季节的不同和当天的具体情况变化水果的种类。

　　在夏天，妈妈可以常为宝宝做水果或蔬菜沙拉，这样的吃法可以保留水果中更多的营养成分，尤其是维生素。但是一定要注意一点，水果和蔬菜一定要清洗干净，尽可能去皮食用。

清蒸茄子

材料：茄子200克，蒜蓉适量，酱油、香油、盐各少许。

做法：

1. 将茄子洗净，切去两头，隔水蒸熟，撕成粗条。

2. 酱油、香油、蒜蓉、盐在碗中拌匀，浇在茄子上即可。

营养功效：茄子富含蛋白质、碳水化合物及维生素等多种营养成分，这道美食可以为宝宝补充蛋白质、脂肪、碳水化合物、维生素以及钙、磷、铁等多种营养成分。

喂食时间和喂食量：可在上午10点左右（也可在14点、18点左右或根据实际情况调整）喂食，一天1次，做1次后宝宝能吃多少便吃多少即可。

禁忌与注意：若是正值秋末，将这道辅食中的茄子换成其他食材，因为这个季节的茄子多已老掉，含较多的茄碱，对人体有害，不宜给宝宝食用。

红绿豆粥

材料：粳米100克，红豆、绿豆各50克，白糖少许。

做法：

1 将红豆、绿豆淘洗干净，用清水浸泡4个小时左右。

2 将粳米淘洗干净，与泡好的红豆、绿豆一起放到锅里，加入适量清水，用大火煮开，再用小火煮至米粒开花、豆酥烂。

3 加入白糖，搅拌均匀，稍煮一会儿即成。

营养功效：红豆富含淀粉，具有高蛋白、低脂肪的特点，含较多的膳食纤维，给宝宝补充营养的同时，还可通便，维持健康。绿豆有清热解毒、消暑利水的作用，特别适合宝宝夏天食用。

喂食时间和喂食量：可在下午14点左右(也可在上午10点、下午18点左右或根据实际情况调整) 喂食，一天1次，做1次宝宝能吃多少便吃多少即可。

禁忌与注意：煮豆时一定要用小火，注意边煮边顺一个方向搅拌，不然很容易煮煳，影响口感。

肉末软饭

材料：大米100克，茄子100克，葱头20克，芹菜10克，猪瘦肉末50克，葱末、姜末少许，酱油、盐少许。

做法：

1 将米淘洗干净，放入小盆内，加入清水，上笼蒸成软饭待用。

2 将茄子、葱头、芹菜择洗干净，均切成末。

3 将油倒入锅内，下入肉末炒散，加入葱末、姜末、酱油搅炒均匀，加入茄子末、葱头末、芹菜末煸炒断生，加少许水、精盐，放入软米饭，混合后，尝好口，稍焖一下出锅即成。

营养功效：此饭肉鲜香，米饭软烂，能锻炼宝宝咀嚼能力，各种蔬菜又能补充肉类和谷物类缺乏的营养，对促进宝宝生长发育很有益。

喂食时间和喂食量：可在下午14点左右(也可在上午10点、下午18点左右或根据实际情况调整) 喂食，一天1次，一次吃半碗到1碗即可。

禁忌与注意：饭要蒸成软饭，菜、肉要切末，饭菜混合后要烧透、煮烂，这种做法所用的菜可千变万化，具体放哪种菜适合宝宝口味、营养素需要，可根据时令菜变化灵活掌握。

断奶食物添加Q/A

Q：正值夏季或冬季时能断奶吗，断奶时机有什么要求？

A：最好不要在夏季或冬季断奶。

夏天天气太热，宝宝会觉得难受，若此时断奶会使宝宝情绪出现波动，还会因肠胃对食品的不适发生呕吐或腹泻等，不适于断奶。冬天太冷，断奶可能会使宝宝出现睡眠不安的现象，容易引起上呼吸道感染。给宝宝断奶最好避开这两个季节，如果正逢太冷或太热的季节，可以考虑稍微延迟断奶时间。

断奶最好选择在比较舒适的季节，如春末或秋凉，因为选择这样的季节断奶，生活习惯的改变对宝宝健康的影响相对比较小。另外，宝宝生病时也不要断母乳，以免造成宝宝营养不良。

Q：断奶之后宝宝的食物量大概是怎样的？

A：如果宝宝在11~12个月期间断奶，这个阶段宝宝每天所需的食物量大约是这样的：

配方奶：250~500毫升，可早晚食用2次。

米或面：50~100克，约半碗稠粥、烂饭或烂面条。

荤菜：50~100克，约小半碗煮熟的去骨猪肉、鱼肉、鸡肉等，再加1小碗肉汤和1个鸡蛋。

蔬菜或水果：100克左右，半碗煮熟的蔬菜、1个中等大小的苹果或香蕉等。

但要注意的是，每个宝宝的进食量是不一样的，应以宝宝的需要为准进行调整。

Q：断奶后宝宝的饮食应该怎样安排比较好？

A：宝宝断奶后每天大约每3小时进食1次，一日三餐为主，可以在两餐之间加点心或水果1次。以稠粥、软饭、面条、肉泥、碎菜和少量的豆制品为膳食的主要成分。为继续训练宝宝的咀嚼和吞咽能力，可以经常为宝宝准备一些比以前稍大稍硬的磨牙食物和手指样食物。

Q：宝宝一日三餐的饭量很好，还需要喝奶吗？

A：需要的。

宝宝即使断奶了，而且饭量很好，每天仍应保证不低于250毫升的配方奶或牛奶。因为奶类含有大量容易消化吸收的优质蛋白质，且是人体最好的钙源，并含有丰富的维生素A、B族维生素及锌、铁等微量元素，这些都是宝宝生长发育所必需的营养素，因此即使宝宝断奶后食欲很不错，也应每天坚持喝奶。

事实上宝宝断奶只是断母乳，并非断掉所有的奶类，断奶实际上表示要及时进行转奶，将母乳转为配方奶或牛奶。

Q：断掉母乳时发生困难，怎么面对？

A：发生困难是很正常的现象，一定要乐观对待，不可操之过急，要给予宝宝更多的关心。

可以先从白天喂的那顿奶开始减起，因为白天容易转移宝宝的注意力，减少对母乳的依恋，如果晚上宝宝一直有吃奶后睡觉的习惯，千万不要从晚上那顿奶开始断起，以免宝宝夜哭。

当宝宝出现饥饿表现时，要及时地喂些稀粥、烂面条等食物，尽量把食物做得色、香、味俱全一些,这样的话宝宝很容易被吸引过去。

需要特别注意的是，不可以采用生硬的方法对待宝宝，搞突然袭击，一下几天不与宝宝相见或是在奶头上涂抹一些东西吓唬宝宝等，强迫其断奶。但也不能一味心软，要根据宝宝的实际情况选择适当的时机，在最大程度不伤害宝宝感情的基础上当机立断地断奶。

♪ Q：宝宝断奶后拒绝喝牛奶怎么办？

A：如果宝宝拒绝喝牛奶，可以尽量慢慢地训练宝宝用杯子或者小碗喝奶的习惯，不一定非以牛奶来训练，可以用其他的奶制品来进行，例如酸奶、配方奶等，当宝宝习惯用杯子后，再尝试着喂给他牛奶。

宝宝拒绝喝牛奶主要是因为牛奶和母乳的味道不同，或者是依恋母亲的乳头，不习惯用杯子或奶嘴，在宝宝断奶前，大人应该尽量让他逐渐学习用杯子来喝配方奶或母乳等，同时还要让宝宝逐渐熟悉和习惯牛奶的味道。

要注意的是，千万不要强迫宝宝一定将牛奶喝下去，更不要在宝宝半梦半醒的状态下用奶瓶给他喂，这样不仅会使宝宝更加抗拒喝牛奶，也不能养成他良好的饮食习惯。

♪ Q：宝宝很喜欢酸奶，酸奶能不能代替牛奶呢？

A：不能以酸奶代替牛奶，但可以酸奶调味或偶尔吃一下。

虽然一般市售的酸奶和牛奶都不是由100%的纯牛奶制成，但酸奶中所含的牛奶量很少，营养素远远低于牛奶，其中蛋白质、脂肪、铁和维生素的含量只相当于同量牛奶的1/3左右，可以想象得到，长期以这样的酸奶代替牛奶喂养宝宝，必然会造成营养缺乏，影响宝宝正常的发育，所以酸奶不能代替牛奶。

♪ Q：这一时期要特别避免的食物有哪些？

A: 宝宝还不知道自己选择合适的食物，也不知道哪些食物对他们来讲是有危险性的，因此需要大人来帮助选择。一般来说，这一时期要注意避免的一些食品有：

1 花生、瓜子和一些带核的食物。

2 一些较硬的、带壳的、吸水后容易发涨的食物。

宝宝断奶怎么吃

Q: 宝宝边吃边玩是不是一定要制止呢?

A:不必完全制止。

1岁以下的宝宝在刚开始学着自己吃饭时,边吃边玩是很正常的事情,这个习惯早在五六个月的时候就开始形成并有所表现了,不过最初这并不是不好的习惯,当宝宝刚开始吃母乳或配方奶以外的东西时,就会把食物握在手里,确认它的手感,然后放进嘴里,确认食物的味道,所以说宝宝这时并不是故意在玩耍,而是认识食物的一种方式。1岁之后,当宝宝能自如地拿勺子吃饭时,才真正是故意玩耍的时候,是有意识地边吃边玩。

但要把握一个度的问题,当宝宝全然忘记了吃的时候,还是要及时提醒一下,当然若宝宝只吃一种食物而忘记了吃其他食物时,也需要大人在一旁提醒一下,或协助宝宝将食物放在他的小勺上。

Q: 宝宝一直边吃边玩,能采取什么措施呢?

A:如果宝宝故意边吃边玩,有必要采取一定措施。

当宝宝已经掌握了一定的吃饭技巧后,吃饭时一直边吃边玩,则是一个不好的习惯,长久下来既不卫生又不科学,容易影响进食效果,对宝宝的生长发育十分不利。

如果宝宝长期边吃边玩,可能会养成习惯,可以采取对比的方法予以纠正,比如,宝宝吃饭时大人也一起吃,大人吃一口,就鼓励宝宝也吃一口。如果宝宝吃了就要表扬一下,摸摸宝宝的头,或是夸夸他,但是千万不要着急着立马让他接着吃下一口,也不要赶着喂,宝宝嘴里的饭经咀嚼和吞咽需要一段时间,一定要等他咽下去后再接着进行,以免影响胃肠道对食物的消化吸收。

Q: 动物肝很有营养,维生素A又丰富,能给宝宝多吃一些吗?

A:不能。

动物肝中的有毒物质含量往往要比其他器官或肌肉中要多出好几倍,因为动物的肝脏一般通透性都比较高,以便于血液中的有毒物质进入,然后被肝脏分解掉。此外,动物肝能大量吸收有毒物质还因为它含有一种特殊的结合蛋白质,与毒物的亲和力较高,能够把血液中已与蛋白质结合的有毒物质夺过来,使毒物滞留在肝脏而不流窜到血液中,这些毒物长期留在肝脏里,人吃动物肝脏时就容易被吃进去。

其实,只要吃上很少量的动物肝,就可获得大量的维生素A并储存于肝脏,所以一般来说,1岁以下的宝宝每天吃动物肝12~15克即可完全满足需要。

♫ Q：宝宝晚上非要吮吸奶头才肯入睡，该阻止他吗？

A：不必强行阻止。

如果宝宝有吃夜奶的习惯，多数时候，只要给他喂奶，很快他便会入睡，如果强行阻止，可能会引得宝宝不高兴而哭闹不止，不要让宝宝形成夜啼的习惯比断奶更重要，因此这个时候不必强行阻止宝宝，还是应该在夜间给他喂母乳，或者是让他吸吮着奶头入睡。

大多数宝宝在1岁左右会进入离乳期，不再喜欢吸吮奶头，这时慢慢用配方奶来代替母乳喂养会比较容易。

♫ Q：宝宝进食时吃起来没饥饱是怎么回事？

A：这可能是因为宝宝受某种原因影响而情绪压抑造成的，如心里没有安全感或紧张不安等，于是便开始热衷于食物，把压抑情绪宣泄在食物上，试图缓解自己的不安。另外，有些宝宝无论怎样吃都没有饱腹感，这个时候大人一定要注意，这可能是由体内存在着的某种疾病所引起的。

经常饱食容易使宝宝肥胖，日后容易有心血管疾病或糖尿病的隐患，如果宝宝食量大属于没有饥饱感的情况，应该设法纠正，对于心理因素引起的过量进食，大人切不可生硬对待，而是应及早发现原因，及时消除宝宝精神上的饥饿感，多与宝宝在一起，陪他玩耍，和他交流，给予宝宝更多的关爱，这样宝宝自然会慢慢不再过量进食。如果这样还不奏效，那就要及时带宝宝去医院检查，看看是否由疾病原因所致，及时治疗。

♫ Q：宝宝现在还需要补钙吗？

A：需要。

补钙需要一直持续到宝宝满2周岁，要注意的是如果宝宝有很多晒太阳的机会，则可以不用再吃鱼肝油了。

Q：宝宝吃饭不少，但是却没见怎么长肉是怎么回事，怎么办呢？

A：这可能是因为：

1 饮食中的营养素安排不合理或肠道有寄生虫，影响了宝宝身体对营养的吸收。

2 宝宝活动量过大，大量活动会使身体消耗大量的能量，入不敷出也不容易长肉。

3 经常睡眠不足，影响生长激素的分泌，导致生长速度下降。

4 患有某些内分泌疾病，导致宝宝身体瘦弱。大人可以仔细观察和分析一下，看看宝宝生长速度慢是由哪种原因引起的，然后再根据原因进行调理。

如果是饮食安排不合理引起，可以咨询医生，请医生制订一份合理的可保证营养均衡摄取的方案。若宝宝有睡眠不足的现象，要及时纠正，不要让宝宝晚上过于兴奋，保持充足睡眠。同时，去作一下寄生虫检查，如果肠道有寄生虫尽快作驱虫治疗。若以上几个原因均不是，可带宝宝去医院作相关检查，找出原因后医生会帮助宝宝采取针对性措施。

Q：12个月的宝宝不爱吃饭，该怎么办？

A：可以调整宝宝的饮食顺序，比如以往是先喂奶然后再吃饭的话，可以调换一下顺序，在吃饭前几个小时不要喂奶，让宝宝饿一下，等到他想吃东西了，先给他喂饭，他如果吃了，可以给少量奶，如果不肯吃，大人可以加以引导和示范，让宝宝跟着大人吃饭，如果宝宝还不肯吃，就不要勉强，喂一点奶，然后尝试着喂一下饭，这样宝宝会比较好接受一些。

最重要的是，断奶前要坚持培养宝宝规律吃饭的习惯。

Q：蔬菜生吃营养最全面，现在能给宝宝吃生蔬菜吗？

A：不能给宝宝吃生蔬菜。

虽然蔬菜在经过煮、炒、涮后，都会或多或少地损失其中的维生素C，生吃确实比熟吃更能保留蔬菜中的营养，但对于年纪尚小的宝宝来说，生吃并非就比熟吃更好。一方面生蔬菜难以避免会残存一些有害物质，比如寄生虫、化学成分等；另一方面宝宝的胃肠功能还很弱，生吃蔬菜往往难以消化，吃多了还会影响胃肠功能。

♫ Q：鱼松营养丰富，宝宝也很喜欢，可以常给宝宝吃吗？

A：不能。

鱼松中的氟化物含量比较高，如果宝宝每天吃鱼松10~20克，其中的氟化物会被吸收8~16毫克(不包括饮水和其他食物中摄入的量)，而人体每天摄入氟的安全值只是3~4.5毫克，时间长了可能会导致氟中毒，严重影响牙齿和骨骼的生长发育。

平时喂养宝宝时，可以常将鱼松作为调味品的一种来给宝宝食用，可以偶尔做一次主要食物，但千万不要作为营养品长期大量地给宝宝食用。

♫ Q：宝宝现在能喝豆浆吗，喝豆浆有什么禁忌吗？

A：未满周岁的宝宝不宜喝豆浆，由于婴儿的胃肠功能尚未发育完全，豆浆中虽含有丰富的营养物质，却是婴儿所不易消化的，所以最好不要给未满周岁的婴儿喝豆浆。

1岁以后的幼儿可以喝豆浆，但最好不要经常喝豆浆，也不要一次喝得太多，这是因为：

豆浆中铝的含量比母乳高出100倍，比牛奶也要高出20倍。成年人喝豆浆后可以由肾脏及时将人体内过多的铝排出体外，但这对宝宝来说却有点难，因为此时宝宝的肾脏往往还不健全，功能尚未成熟。此外，大量的铝对大脑生长有明显的损害，而婴儿期又是大脑生长的关键时期，因此若长期给宝宝喝豆浆可能会给宝宝造成不可挽回的伤害。建议宝宝最好不要以豆浆为主要食物。

偶尔食用豆浆时，还需要注意以下禁忌：

1 不要加红糖，红糖中的有机酸会和蛋白质结合，产生对人体不利的变性的沉淀物。

2 不要喝太多，容易引起过蛋白质消化不良，出现腹胀腹泻的症状。

3 给宝宝喝豆浆时不能像喝开水和牛奶那样往里面冲入鸡蛋，因为鸡蛋中的黏性蛋白(鸡蛋清)会与豆浆里的胰蛋白酶结合，产生不易被人体吸收的物质，使鸡蛋和豆浆均失去原有的营养价值。

Part 7

宝宝断奶期间常见病饮食调理

贫血

♪ 症状表现

贫血是宝宝常见的一种症状，宝宝时期与遗传有关的贫血较多；八九个月到1周岁左右的宝宝贫血，多因食物中缺乏足够的铁质引起。贫血宝宝一般的表现是：

1 皮肤、黏膜苍白，此为突出表现。由于红细胞数及血红蛋白含量减低，使皮肤(面、耳轮、手掌等)、黏膜(睑结膜、口腔黏膜)及甲床呈苍白色。

2 重度贫血时皮肤往往呈蜡黄色，易误诊为合并轻度黄疸，相反，伴有黄疸，青紫或其他皮肤色素改变时可掩盖贫血的表现。

3 病程较长的贫血患儿还常有易疲倦、毛发干枯、营养低下、体格发育迟缓等症状。

♪ 禁忌与注意

铁在人体中的吸收效果不佳时，易导致贫血。而一些不良的饮食方式，如营养过剩、偏素食、吃油腻导致的肠胃超负荷、过食冷饮、暴饮暴食等，都会引起消化紊乱，进而引发铁吸收障碍。因此，专家特别提醒父母，一定让宝宝养成健康均衡的进食方式和习惯。

双色条

材料：胡萝卜半根约30克，白菜帮子3片，生抽少许。

做法：

1. 胡萝卜洗净后切成条；白菜帮子洗净，切成条。

2. 胡萝卜、白菜条一起放入开水中焯熟，捞出沥干水，加生抽调味即可。

肝末汤

材料：猪肝10克，胡萝卜半个，番茄1个，洋葱半个。

做法：

1. 猪肝洗净，去筋膜，放入搅拌机绞碎。

2. 洋葱和胡萝卜洗净后切碎；番茄氽烫后去皮切碎。

3. 锅内烧水适量，待水开后下所有材料大火煮3分钟即可。

脊肉粥

材料：猪脊肉100克，粳米100克，胡椒粉、精盐、香油各适量。

做法：

1. 先将猪脊肉洗净切成小块，放锅内用香油炒一下。

2. 加入粳米煮粥，待粥将烂熟时加入精盐、胡椒粉调味再煮沸即可。

肝糕鸡泥

材料：猪肝25克，鸡胸脯肉20克，鸡蛋2个，鸡汤(或肉汤)、盐、香油各适量。

做法：

1. 猪肝洗净，剁成细泥；鸡胸脯肉洗净，用刀背砸成肉泥；肝泥与鸡泥放入大碗中，兑入温鸡汤(或肉汤)。

2. 鸡蛋打入另一个碗中，充分搅匀后，倒入肝泥碗中，加适量盐充分搅打，放入笼中蒸10分钟左右，淋上香油即可。

桂圆枸杞粥

材料：桂圆肉、枸杞子、黑米、粳米各15克。

做法：

1 将桂圆肉、枸杞子、黑米、粳米分别洗净。

2 将所有材料同入锅，加水适量，大火煮沸后改小火煨煮，至米烂汤稠即可。

钙缺乏症

症状表现

　　婴幼儿的骨骼与牙齿的发育必须需要钙的帮忙。钙除了能帮助骨骼及牙齿的生长外，还对身体每个细胞的功能起着极重要的作用。如果缺少钙的摄入，会严重影响宝宝正常的生长发育，甚至会引发佝偻病。

宝宝缺钙会有以下表现：

1 宝宝缺钙，血钙低时，可引起手足痉挛抽搐。

2 宝宝容易盗汗，睡觉、喝奶均汗多。

3 易惊醒，夜啼哭，不易入睡。

4 鸡胸、枕秃。

5 体重较轻，出牙迟，学步迟。

禁忌与注意

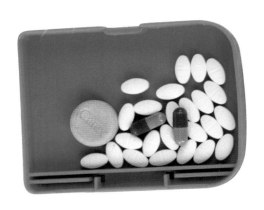

　　钙过量对儿童生长发育会造成极大危害，不仅造成浪费，且还会产生不良反应。补钙过量的主要症状是身体浮肿、多汗、厌食、恶心、便秘、消化不良，严重的还容易引起高钙尿症，同时儿童补钙过量还可能限制大脑发育，并影响生长。

♋ 食疗方案

青鱼炖黄豆

材料：青鱼肉200克，干黄豆20克，葱花、香菜末、蒜片、姜片各适量，盐、酱油各少许。

做法：

1 黄豆洗净用冷水浸泡1晚，鱼肉洗净。

2 起锅热油，放鱼肉两面煎熟，放酱油、葱花、蒜片、姜片炒香。

3 加黄豆和适量的水，煮至黄豆熟透后加盐调味，再撒上香菜末即可。

香香骨汤面

材料：龙须面100克，猪或牛胫骨或脊骨50克，青菜适量，盐、米醋各少许。

做法：

1 将骨砸碎，放入冷水中用中火熬煮，煮沸后酌加米醋，继续煮30分钟；青菜洗净，切碎。

2 将骨取出，取清汤，将龙须面下入骨汤中，将洗净、切碎的青菜加入汤中煮至面熟，加盐推匀即可。

鲜虾泥

材料：鲜虾仁300克，鸡蛋1个，盐、香油各少许。

做法：

1 将虾仁挑去泥肠洗净，沥干水，剁成碎末备用；将鸡蛋打入碗中，只取蛋清，加入虾仁中调匀。

2 将拌好的虾泥上笼蒸5分钟左右。

3 取出凉至温度合适，用盐、香油拌匀即可。

豆腐蛋花羹

材料：鸡蛋1个，南豆腐100克，骨汤150克，小葱末适量。

做法：

1 鸡蛋打散，豆腐捣碎，骨汤煮开。

2 豆腐下入骨汤内小火煮，适当进行调味，打入蛋花，煮熟，最后点缀小葱末。

虾皮碎菜包

材料：虾皮5克，小白菜50克，鸡蛋1个，自发面粉适量。

做法：

1 用温水把虾皮洗净泡软后，切得极碎，加入打散炒熟的鸡蛋。

2 小白菜洗净略烫一下，也切得极碎，与鸡蛋调成馅料。

3 自发面粉和好，略饧一饧，包成提褶小包子，上笼蒸熟即可。

锌缺乏症

症状表现

　　缺锌会造成宝宝脑功能异常、精神改变、生长发育减慢及智能发育落后等。宝宝缺锌时会有以下表现：

1　厌食：缺锌时宝宝消化能力减弱，味蕾功能减退，味觉敏锐度降低，食欲不振，摄食量减少。

2　生长发育落后：缺锌宝宝身高、体重常低于正常同龄儿，严重者有侏儒症。

3　异食癖：有喜食泥土、墙皮、纸张、煤渣或其他异物等现象。

4　免疫力低：缺锌宝宝细胞免疫及体液免疫功能皆可能降低，易患各种感染，包括腹泻。

5　皮肤黏膜表现：缺锌严重时可有各种皮疹、复发性口腔溃疡、下肢溃疡长期不愈及程度不等的秃发等症。

禁忌与注意

　　任何一种微量元素的供给都应适量，若过分地强调锌的摄入，食入强化锌的食物过量会造成锌中毒，幼儿舔啮涂锌玩具时也可造成锌中毒。锌中毒可损害幼儿学习、记忆等能力，对智力发育不利。

豆腐蛤蜊汤

材料：蛤蜊150克，豆腐100克，生姜1块，葱1根，清汤适量，盐少许。

做法：

1 蛤蜊洗净；生姜洗净去皮切片；葱洗净切段。

2 瓦煲加入清汤，大火烧开后，放入蛤蜊、生姜，加盖，改小火煲40分钟。

3 加入豆腐，调入盐，继续用小火煲30分钟后，撒上葱段即成。

● 三色鱼丸

材料：草鱼肉100克，胡萝卜、青椒各10克，水发木耳5克，蛋清20克，葱姜末适量，香油、盐、料酒、淀粉、葱姜水、高汤各少许。

做法：

1 草鱼肉洗净，剁成蓉，加入蛋清、盐、葱姜水、高汤、淀粉，朝一个方向搅打均匀，用手挤成小丸子，放入沸的水锅内，余熟捞出。

2 胡萝卜、青椒、木耳洗净，切成小方丁。

3 锅放油烧热，放葱姜末炝锅，放菜丁，加汤、盐、料酒，至熟时，用水淀粉勾芡，下入鱼丸，淋入香油即可。

鹅口疮

♫ 症状表现

鹅口疮是一种由霉菌(白色念珠菌)引起的口腔黏膜感染性疾病，常见于1岁以内的宝宝。通常宝宝口腔黏膜上出现白色或灰白色乳凝块样白膜，初起时，呈点状和小片状，微凸起，可逐渐融合成大片，白膜界限清楚，不易拭去，形状如"鹅口"，因此叫"鹅口疮"。如强行将其剥落后，可见充血、糜烂创面，局部黏膜潮红粗糙，可有溢血，但不久又为新生白膜覆盖。偶可波及喉部、气管、肺及食管、肠管，甚至引起全身性真菌病，出现呕吐、吞咽困难、声音嘶哑或呼吸困难。

♫ 禁忌与注意

宝宝注意口腔清洁，避免过烫、过硬或刺激性食物，防止损伤口内黏膜；宝宝奶具注意清洁与消毒，母乳喂养应用冷开水冲洗奶头后再喂奶，喂奶后给宝宝服少量温开水；注意患儿营养，适量补充B族维生素。

芹菜叶饼

材料：芹菜叶150克，鸡蛋3个，面粉50克，盐、胡椒粉各适量。

做法：

1 芹菜洗净切成细末；鸡蛋打入碗中。

2 将芹菜、面粉、盐、胡椒粉以及适量的水和鸡蛋搅拌均匀。

3 起锅热油，倒入搅拌好的鸡蛋糊，煎至两面金黄后改刀装盘即可。

西瓜汁

材料：西瓜瓤100克，白糖少许。

做法：

1 西瓜瓤去掉子，放入碗内，用匙捣烂，用干净的纱布过滤，取汁。

2 在过滤出的汁里加入白糖调匀即可。

荨麻疹

✿ 症状表现

荨麻疹是一种常见的儿科过敏性皮肤病，也俗称为"风疹"。

通常见于宝宝的皮肤上出现很多形状不同、大小不一、红色、隆起、中间呈白色的疹子，患病部位会发生剧痒。疹子出现后24小时内会自动消失，由于剧痒，宝宝往往会因为过度抓搔，造成皮肤表皮破损而引起继发性皮肤感染。

✿ 禁忌与注意

建议不要采用注射药物的治疗方式，因为长期使用注射药物的不良反应较大，而较宜采用口服药物的方式，以便能维持血中药物的浓度。但大多数慢性荨麻疹患儿使用了药品后会有嗜睡、全身无力等情形，因此，患儿父母最好能和信任的医师长期配合为宝宝进行治疗。

玉米须芯汤

材料： 玉米须15克，玉米芯30克，冰糖少许。

做法：

1 玉米须、玉米芯用水煎后，去渣取汁。

2 将玉米汁加冰糖调味后饮用即可。

蒸南瓜

材料： 南瓜200克。

做法：

1 南瓜去子和瓜瓤，削去外皮，切成块。

2 将南瓜放入盘子内，隔水蒸熟。

3 待南瓜温凉后即可喂食宝宝。

冬瓜芥菜汤

材料： 冬瓜200克，芥菜30克，白菜根30克，
香菜2根，红糖适量。

做法： 将上述材料一起水煎，熟时加适量红
糖调匀，即可饮汤服用。

百日咳

症状表现

百日咳是幼儿常见的呼吸道传染病之一，由于病程长达2~3个月以上，所以称做"百日咳"。

生病的宝宝常有阵发性痉挛性咳嗽，咳后有鸡鸣样的回声，最后会倾吐痰沫。此病四季都可发生，尤其在冬、春季节多见，而且年龄越小病情常常越重。

禁忌与注意

宝宝患百日咳要特别注意的两点：

1 忌关门闭户，空气不畅。百日咳的宝宝由于频繁剧烈地咳嗽，肺部过度换气，易造成氧气不足。

2 忌烟尘刺激。家中如有吸烟的人，在宝宝病期最好不要吸烟，或到户外去吸烟。此外，生炉子、炒菜等，一定要设法到室外进行。

🎵 食疗方案

大蒜水

材料：大蒜10克，白糖适量。

做法：将大蒜拍碎，放入碗中加半碗水，加盖后入蒸锅大火蒸15分钟，取汤加糖即可。

罗汉果汤

材料：柿饼30克，罗汉果1个，冰糖25克。

做法：将罗汉果和柿饼水煎30分钟，加上冰糖溶化搅匀即可服用。

萝卜蜂蜜饮

材料：白萝卜1个，蜂蜜半小匙。

做法：将白萝卜捣烂取汁25毫升，加入蜂蜜半小匙调匀，1次服完，每日1~2次。

冬瓜红豆粥

材料：冬瓜300克，粳米、红豆各50克，香油少许。

做法：

1 冬瓜洗净切块；红豆浸泡4小时；粳米淘洗干净。

2 将冬瓜块、红豆、粳米放入锅内，加适量的水煮成粥，加香油调味即可。

太子参黄芪鸽蛋汤

材料：太子参15克，黄芪15克，鸽蛋3个。

做法：先水煎太子参、黄芪，取药汁煮鸽蛋，熟时饮汤食鸽蛋。

雪梨香蕉汤

材料：雪梨1个约200克，香蕉1根约200克，清汤、冰糖适量。

做法：

1 雪梨、香蕉均去皮切块。

2 起锅，倒入清汤，放入雪梨、香蕉、冰糖，小火煮10分钟即可。

汗症

♫ 症状表现

宝宝汗症,有自汗、盗汗之分。睡中汗出、醒时汗止者称"盗汗";不分时间,无故出汗者称"自汗"。宝宝汗症有以下表现:

1 面色苍白、怕冷,有时安静地坐着也会出汗,且出汗不只是头部,而是自颈至肚脐。运动时更厉害。

2 容易疲劳、怕风、食欲不佳。

3 属于"睡则汗出,醒则汗止",也就是睡觉时容易出汗,醒来时就不会出汗了,中医称此为阴虚盗汗。

4 面部偏红,嘴唇红,通常于下午开始掌心或足心会渐渐发热,睡觉不安稳,翻来覆去且易做梦。

5 容易哭闹、生气,有时大便较为干燥不好解等。

♫ 禁忌与注意

汗症的治疗原则是益气养阴,平时可以多吃一些糯米、小麦、红枣、核桃、莲子、山药、百合、蜂蜜、泥鳅、黑豆、胡萝卜等食品。小儿自汗,平时不要多吃寒凉生冷的食物;小儿盗汗,平时应该少吃辛热煎炒上火的食物。

核桃莲子山药羹

材料：核桃仁300克，莲子300克，黑豆150克，山药粉150克，米粉或牛奶稀饭适量。

做法：

1 将核桃仁、莲子、黑豆、山药粉分别研压成粉。

2 将1料均匀混合，加入米粉适量，每次1~2匙；拌在牛奶或稀饭中煮熟成羹，每日2次。

黄芪羊肉汤

材料：羊肉100克，黄芪15克，桂圆肉10克，山药15克。

做法：

1 将羊肉用沸水稍煮片刻，捞出后即用冷水泡浸以除膻味，用沙锅将水煮开，放入羊肉和三味药同煮汤。

2 食时调好味，可饮汤吃肉。如小儿无咀嚼能力，可煮成浓汤饮用，同样有效。

小麦红枣粥

材料：小麦60克，红枣5粒，糯米少许，红糖适量。

做法：

1 将小麦、糯米洗净；红枣去核。

2 锅内装六成满的清水，放入小麦、糯米、红枣，大火烧开，改小火煨30分钟成粥。

3 粥烂熟时，加入红糖拌匀即可。

牛奶银耳水果汤

材料：鲜奶250毫升，银耳10克，猕猴桃1个，圣女果5个，白糖适量。

做法：

1 银耳用清水泡软，去蒂，切碎，倒入锅中，加入鲜奶，中小火边煮边搅拌，煮至熟软后熄火放凉。

2 圣女果洗净，对切成两半，猕猴桃削皮切丁，一起放入鲜奶中，加入白糖拌匀即可。

风寒感冒

🎵 症状表现

风寒感冒是风寒之邪外袭、肺气失宣所致。

症状可见

1 后脑强痛，就是后脑袋疼，连带脖子转动不灵活。

2 怕寒怕风，通常要穿很多衣服或盖大被子才觉得舒服点。

3 鼻涕是清涕，白色或稍微带点黄。如果鼻塞不流涕，喝点热开水，开始流清涕。

4 舌无苔或薄白苔。

5 鼻塞，声重，打喷嚏，流清涕，恶寒，不发热或发热不甚，无汗，周身酸痛，咳嗽痰白质稀，舌苔薄白，脉浮紧。

6 如果你会把脉，你应该可以测到脉象是浮紧，浮脉的意思是阳气在表，轻取即得。

🎵 禁忌与注意

平时多补充维生素C，可以减少感染的机会，而对于已经患病的宝宝来讲，由于大部分水果属性偏凉，容易引起咳嗽，因此患了流感并且有咳嗽症状时不宜多吃。

🍲 **食疗方案**

姜糖茶

材料：生姜10克，红糖15克。

做法：

1 生姜洗净，切丝。

2 将生姜丝放入水杯中，用沸水冲泡，盖盖浸泡5分钟，再调入15克红糖，趁热服。

双白玉粥

材料：粳米50克，大白菜半棵约500克，大葱白20克，生姜10克，精盐少许。

做法：

1 粳米淘洗干净；大白菜去杂，洗净，切片；大葱白和生姜洗净，切片。

2 粳米加水熬粥，沸腾后加入切片的大白菜（主要用菜心和菜帮）、大葱白和生姜，共煮至白菜、大葱白变软，粥液黏稠时，起锅加精盐少许后即可食用。

姜丝萝卜汤

材料：生姜25克，萝卜50克，红糖适量。

做法：

1 生姜洗净，切丝；萝卜去皮，洗净切片。

2 将生姜和萝卜一起放锅中加水适量，煎煮10~15分钟，再加入红糖适量，稍煮1~2分钟即可。

胡萝卜甜粥

材料：大米80克，胡萝卜1小段，白糖少许。

做法：

1 将胡萝卜洗净剁成细末。

2 大米淘洗干净，锅中加水，放入大米烧开。

3 待米煮烂，再将胡萝卜末放入同煮，粥煮烂后，放入白糖即成。

黄豆排骨汤

材料： 排骨200克，黄豆50克，盐少许。

做法：

1 黄豆用清水泡软，清洗干净。

2 排骨用清水洗净，放入滚水中烫去血水备用。

3 汤锅中倒入适量清水烧开，放入黄豆和排骨。

4 以中小火煲3小时，起锅加盐调味即可。

风热感冒

🍀 症状表现

风热感冒主要表现为宝宝发烧重，但怕冷怕风不明显，鼻塞流浊涕，咳嗽声重，或有黏稠黄痰，头痛，口渴喜饮，咽红、咽干或痛痒，大便干，小便黄，检查可见扁桃体红肿，咽部充血，舌苔薄黄或黄厚，舌质红。

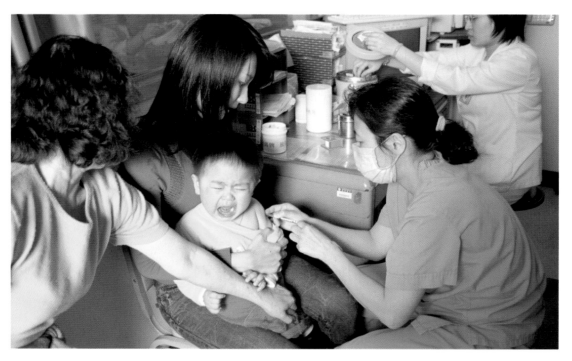

🍀 禁忌与注意

宝宝患了风热感冒，要多喝水，不能吃姜、红糖、肉桂、大茴香、小茴香、羊肉、牛肉、大枣、桂圆、鸡蛋、荔枝等食物。否则会助长热势，使病情更严重。

绿豆藕合

材料：莲藕1节约250克，绿豆100克，胡萝卜1根约50克，白糖适量。

做法：

1 绿豆洗净，浸泡半个小时碾碎；胡萝卜洗净切碎和绿豆搅拌均匀。

2 莲藕刮干洗净，从一端切开，在莲藕孔中灌入胡萝卜绿豆馅。

3 将莲藕放蒸锅中蒸熟，再切片摆在盘中撒上适量白糖即可。

雪梨炖罗汉果川贝

材料：雪梨1个约200克，罗汉果、川贝各适量，蜂蜜、冰糖各少许。

做法：

1 雪梨去皮和核，切成小块；罗汉果洗净，剥去外壳；川贝母洗净。

2 将雪梨块、罗汉果、川贝母同放在小盆内，加入冰糖、蜂蜜和1碗水。

3 入锅隔水蒸1小时，取出凉温即可。

芥菜豆腐汤

材料：芥菜250克，豆腐2块，高汤、精盐、水淀粉、香油、胡椒粉各适量。

做法：

1 芥菜切除老叶及粗梗，洗净，放入开水中氽烫后捞出，再用冷水冲凉，然后切碎。

2 把高汤烧开，加入精盐及水淀粉勾芡，然后放入切成丁的豆腐煮开。

3 放入切碎的芥菜，再度煮开即关火盛出，淋香油、撒胡椒粉后即可。

腐竹粥

材料：大米50克，腐竹10克。

做法：

1 将大米淘洗干净；干腐竹放入盆内用冷水泡上，压一重物，泡发5小时，待涨发后，切段。

2 将大米、腐竹一起放入锅中，加适量清水，煲粥。

鸭梨粥

材料：鸭梨1个，大米100克。

做法：

1 鸭梨洗净去核，切小块。

2 炖锅内加水500毫升，下入鸭梨块，水煎30分钟，去渣取汁。

3 将大米放入汁液中，用梨汁小火煨粥20分钟即可。

菊花茶

材料：菊花10克，白糖适量。

做法：菊花10克，开水冲泡，加白糖适量，代茶饮用。

伤食

症状表现

因饮食不当，影响到宝宝的消化功能，使食物停滞胃肠所形成的胃肠道疾患。表现为：

1 食欲明显不振。

2 睡眠中身子不停翻动，有时还会磨牙。

3 宝宝鼻梁两侧发青，舌苔白、腻且厚，呼出的口气中有酸腐味。

4 宝宝大便干燥，或时干时稀。

5 宝宝肚腹胀满，明显消化不良。

禁忌与注意

消化正常的宝宝口气很淡，也没有异味；而消化不良时，乳食积滞，往往先发生口臭，特别是早晨刚刚醒来时，如果小宝宝口臭、口酸，就是乳食停滞的表现。有这种现象时，可以给他减食或停食一顿，以利于肠胃功能的恢复。

✿ 食疗方案

金银花山楂饮

材料：金银花20克，山楂10克，蜂蜜适量。

做法：

1 将金银花、山楂放入沙锅内，加水适量，置大火上烧沸。

2 5分钟后取药液1次，再加水煎熬1次取汁，将2次药合并，放入蜂蜜调味即可。

荸荠海蜇

材料：荸荠250克，海蜇100克。

做法：

1 选择个大、肥嫩的鲜荸荠250克洗净后，去掉小芽及基根；海蜇洗净。

2 将海蜇同荸荠一并放入小锅内，加水适量同煮，待荸荠煮熟后，去掉海蜇，取出荸荠，只喝汤即可。

炒红果

材料：鲜山楂、红糖各适量。

做法：

1 山楂洗净，去核。

2 将红糖放入锅内，用小火炒化，加入去核的山楂，再炒5~6分钟，闻到酸甜味即可。

陈皮茶

材料：陈皮10克。

做法：将陈皮放入茶壶内，用刚烧沸的开水冲泡，盖上茶壶盖，泡10~15分钟即可。

生姜橘皮茶

材料：生姜20克，橘皮10克，红糖适量。

做法：

1 橘皮洗净切小片，生姜切片，放入锅中。

2 加入适量清水和红糖，煮成糖水即可。

肥胖

⚓ 症状表现

宝宝过于肥胖会影响身体健康，还将成为成年期高血压、糖尿病、冠心病、痛风等疾病的诱因；另外肥胖也限制了宝宝的运动机能发展，不利于身体的生长发育。肥胖宝宝一般都有如下表现：

1 食欲极好，喜食油腻、甜食，懒于活动。

2 体态肥胖，皮下脂肪丰厚，面颊、肩部、乳房、腹壁脂肪积聚明显。腹部偶可见白色或紫色纹。

3 体力劳动易疲劳，怕热多汗，呼吸短促，下肢有轻重不等的浮肿。

⚓ 禁忌与注意

宝宝肥胖是处于发育期的肥胖，所以要避免极端地限制热量，只要体重维持现状，随着身高的增长，自然就能瘦下来。

食疗方案

小白菜心炒蘑菇

材料：鲜蘑菇200克，小白菜12棵，米酒、盐、鸡精、香油各适量。

做法：

1 将蘑菇洗净，去蒂，入沸水锅中略汆，捞出沥干后对开切。

2 菜心洗净后对开切，放入热油锅中加精盐、鸡精，翻炒熟透，起锅整齐排于盘内。

3 将锅置旺火上，加油烧热，放入蘑菇煸炒片刻。

4 加入米酒、精盐、鸡精烧至入味，淋入香油，起锅盖在菜心上即可。

海米白菜

材料：海米10克，白菜200克，精盐、酱油各适量。

做法：

1 海米用温水浸泡发好；白菜洗净，切段。

2 锅内放油烧热，放入白菜段炒至半熟，放入海米，加精盐、酱油调味，稍加清水，盖上锅盖烧熟透即可。

豆腐丝拌豌豆苗

材料：豆腐皮50克，豌豆苗250克，蒜末、盐、香油各适量。

做法：

1 豆腐皮洗净，切丝，入沸水锅中焯烫，捞出过凉，沥干水分；豌豆苗择洗干净，入沸水中焯熟，投入冷水中过凉，捞出沥干。

2 将豆腐丝和豌豆苗放入大碗中，加盐、蒜末、香油拌匀即可。

山药玉米羹

材料：山药100克，嫩玉米50克。

做法：

1　山药洗净，削皮切小丁；玉米粒淘洗干净，与山药一起放入榨汁机打碎成泥。

2　将玉米山药泥倒入锅中，加少许水煮10分钟即可。

冬瓜粥

材料：新鲜冬瓜100克，粳米100克，枸杞子少许。

做法：

1　冬瓜用刀刮去皮后，洗净切成小块；粳米淘洗干净。

2　将冬瓜片与粳米一起置于沙锅内，一并煮成粥，盛出加枸杞子点缀即可。

便秘

症状表现

便秘是经常困扰家长的儿童常见病症之一。常见症状有：

1 大便不通或粪便坚硬，有便意而排出困难。

2 排便间隔时间延长，两三天以上排便一次。

3 严重的甚至有痔疮、肛裂，引起腹胀、食差、口臭、头晕失眠等。

禁忌与注意

砂糖、白面产品和精炼食品都是易导致宝宝便秘的食物，应少给宝宝喂食，经常大便困难且稀少的宝宝，可多食含纤维素多的食物，可以多给宝宝增加一些可以生吃的水果、蔬菜。

红薯粥

材料：新鲜红薯150克，粳米100克，白糖适量。

做法：

1 红薯洗净切成小块；粳米淘洗干净。

2 锅内加适量清水，放入红薯、粳米同煮为粥，快熟时加适量白糖搅匀调味，再煮片刻即可。

南瓜饼

材料：南瓜100克，糯米粉100克，白糖适量。

做法：

1 南瓜洗净切块，大火蒸15分钟，蒸熟后待凉，用勺子压成泥。

2 在糯米粉中加入少量蒸熟的南瓜泥，放入白糖拌匀，揉成饼。

3 平底锅倒一薄层油，南瓜饼放入锅里，小火煎至两面金黄即可。

芝麻杏仁粥

材料：粳米50克，黑芝麻20克，杏仁10克，冰糖适量。

做法：

1 粳米淘洗干净。

2 粳米与杏仁、黑芝麻一同放入锅中，加水适量，大火煮开，转小火煮熟成粥，加入冰糖溶化后服用。

苹果酸奶

材料：苹果1个，酸奶1杯。

做法：

1 苹果洗净，去皮，去核，切成小块，放入大碗中，加少许水大火煮熟。

2 煮好的苹果放入盘中，浇上酸奶即可。

糙米糊

材料：糙米粉2汤匙，温开水小半杯。

做法：

1 取糙米粉2汤匙放入碗中，再加入温开水小半杯。

2 用汤匙搅拌均匀，成黏稠糊状即可。

腹泻

症状表现

　　宝宝腹泻又叫拉肚子，属小儿最常见的多发性疾病。腹泻如果不及时诊治，后果将很严重，会导致宝宝营养不良，反复感染，从而影响宝宝的生长发育。其主要症状有：

1 排出不成形的像稀水一样的大便。

2 排便很急，无法控制。

3 常伴有腹部痉挛和胀气，肠子咕咕作响。

4 口渴，食欲不振。

5 偶见呕吐和发热的症状。

禁忌与注意

　　宝宝腹泻时，不要禁食，以防营养不良，但要遵循少食多餐的原则，每天至少进食6次。此外，还要补充适量的水分，以免宝宝脱水。

食疗方案

白术红枣饼

材料：白术 100 克，红枣 80 克，面粉 150 克，鸡蛋 2 个。

做法：

1 白术洗净，烘干，研成极细的粉末，炒熟备用。

2 红枣洗净，煮熟，捣烂成泥；鸡蛋打散至起泡。

3 将白术、红枣、面粉和鸡蛋液混合均匀，加适量水制成小饼，入烤箱烘热即可。

山药粥

材料：大米 50 克，山药细粉（药店有出售）20 克。

做法：

1 将大米淘洗干净，用清水浸泡 30 分钟备用。

2 锅内加入适量清水烧开，加入大米再次烧开，然后加入山药细粉，一起煮成粥即可。

胡萝卜泥

材料：胡萝卜半根。

做法：

1 把胡萝卜洗净，去除根须。

2 放入蒸锅内上火蒸熟蒸烂，取出凉凉捣烂成泥，如果小孩喜吃甜食也可稍加白糖。

苹果糊

材料：苹果1个约250克，白糖或蜂蜜少许。

做法：

1. 把苹果洗净后去皮除子，然后切成薄薄的片。

2. 苹果片放入锅内并加少许白糖煮，煮片刻后稍稍加点水，再用中火煮至糊状，停火后用勺子背面将其研碎即可。

水痘

❀ 症状表现

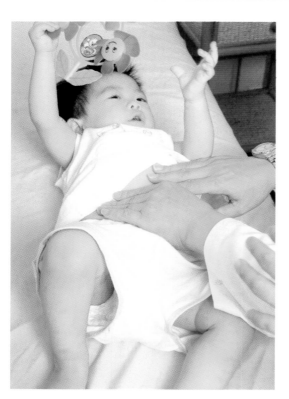

宝宝长水痘是在儿科疾病中比较常见的，它是由病毒引起的，潜伏期为10~21天。水痘是一种传染病，特别多见于晚冬和春季。

发病的宝宝会有轻微发烧、不适、食欲欠佳等与感冒类似的症状，然后身上会出现小红点，由胸部、腹部开始，再扩展至全身。小红点变大，成为有液体的水疱。一两天后，水疱破裂，结成硬壳或疙瘩。新的小红点不断分批出现，并重复同一过程。各期皮疹可同时存在，即同时可见斑疹、丘疹、疱疹、结痂。1~3周后，痂皮脱落，完全康复，不会留有疤痕。

❀ 禁忌与注意

在宝宝饮食上要注意，应该增加柑橘类水果和果汁，并在宝宝的食物摄取中增加麦芽和豆类制品。忌食温热、辛燥的食物以及油腻的食物。

荸荠马齿苋

材料：鲜马齿苋、荸荠粉各30克，冰糖15克。

做法：鲜马齿苋洗净捣汁，取汁调荸荠粉，加冰糖，用滚开的水冲熟至糊状即可。

金银花甘蔗汁

材料：金银花10克，甘蔗汁半杯。

做法：

1 金银花放入锅中，加适量水煮5~10分钟。

2 将甘蔗汁与金银花（包括煮金银花的水）一同放入碗中混合均匀，代茶饮。

红豆薏米粥

材料：粳米100克，红豆和茯苓各30克，薏米20克，冰糖适量。

做法：

1 把粳米、红豆、茯苓、薏米洗净。

2 将1料放入热水中泡半个小时，中间换水1次。

3 捞起，共煮，粥熟豆烂拌冰糖即可。

百合绿豆粥

材料：大米、绿豆各100克，百合50克，红糖适量。

做法：

1 将百合、绿豆洗净，去泥沙；大米淘洗干净。

2 将大米放锅内，加入水300毫升，放入百合、绿豆。

3 用大火烧沸，再用小火煮熬1小时，加入红糖拌匀即成。

苦瓜绿豆汤

材料：苦瓜半条约200克，绿豆、白糖各适量。

做法：

1 将苦瓜洗净，剥开去瓤，切成条，与绿豆同煮成汤即成。

2 饮汤时可加白糖。

图书在版编目(CIP)数据

宝宝断奶怎么吃／尹念编著.——北京：中国人口出版社，2012.9
（食全食美）

ISBN 978-7-5101-1359-8

Ⅰ.①宝… Ⅱ.①尹… Ⅲ.①婴幼儿—保健—食谱 Ⅳ.①TS972.162

中国版本图书馆CIP数据核字（2012）第198035号

宝宝断奶怎么吃

尹念 编著

出版发行	中国人口出版社
印　　刷	沈阳美程在线印刷有限公司
开　　本	820毫米×1400毫米　1/24
印　　张	8
字　　数	200千
版　　次	2012年9月第1版
印　　次	2012年9月第1次印刷
书　　号	ISBN 978-7-5101-1359-8
定　　价	29.80元

社　　长	陶庆军
网　　址	www.rkcbs.net
电子信箱	rkcbs@126.com
电　　话	(010) 83534662
传　　真	(010) 83515922
地　　址	北京市西城区广安门南街80号中加大厦
邮政编码	100054